Th. Mergner · A. Ebner · L. Deecke

# Akustisch evozierte Potentiale (AEP) in Klinik und Praxis

Springer-Verlag Wien New York

Prof. Dr. Thomas Mergner
Abteilung Klinische Neurologie und Neurophysiologie, Universität Freiburg,
Bundesrepublik Deutschland

Dr. Alois Ebner
Neurologische Abteilung, Ammerlandklinik, Westerstede,
Bundesrepublik Deutschland

Prof. Dr. Lüder Deecke
Neurologische Universitätsklinik, Wien, Österreich

Das Werk ist urheberrechtlich geschützt.
Die dadurch begründeten Rechte,
insbesondere die der Übersetzung, des Nachdruckes,
der Entnahme von Abbildungen, der Funksendung,
der Wiedergabe auf photomechanischem oder ähnlichem Wege
und der Speicherung in Datenverarbeitungsanlagen,
bleiben, auch bei nur auszugsweiser Verwertung, vorbehalten.

© 1989 by Springer-Verlag/Wien

Die Wiedergabe von Gebrauchsnamen, Handelsnamen, Warenbezeichnungen usw.
in diesem Buch berechtigt auch ohne besondere Kennzeichnung nicht zu der
Annahme, daß solche Namen im Sinne der Warenzeichen- und Markenschutz-
Gesetzgebung als frei zu betrachten wären und daher von jedermann benutzt werc
dürften.

Mit 16 Abbildungen

CIP-Titelaufnahme der Deutschen Bibliothek
**Mergner, Thomas:**
Akustisch evozierte Potentiale (AEP) in Klinik und Praxis/
Th. Mergner ; A. Ebner ; L. Deecke. – Wien ; New York : Springer, 1989
ISBN-13: 978-3-211-82122-0    e-ISBN-13: 978-3-7091-9032-6
DOI: 10.1007/978-3-7091-9032-6
NE: Ebner, Alois:; Deecke, Lüder:

ISBN-13: 978-3-211-82122-0

# Vorwort

Die frühen akustischen Potentiale - akustische Hirnstammpotentiale - gehören heute zum festen Bestandteil der neurologischen Zusatzdiagnostik. Auch im Fachgebiet der Hals-Nasen-Ohren-Heilkunde und der Audiologie wird vielfach von ihnen Gebrauch gemacht. Von den ersten elektrophysiologisch abgeleiteten Potentialantworten auf Schallreize beim Tier bis heute ist fast ein halbes Jahrhundert vergangen. Erst im letzten Jahrzehnt wurde die Methode der evozierten Potentiale jedoch durch die Einführung moderner Verstärker- und Computertechniken auf ihren gegenwärtigen hohen Stand gebracht und stellt heute eine schnelle, zuverlässige und nicht-invasive und für viele Fragestellungen unentbehrliche Untersuchung dar. Sie ist robust genug, um dem routinemäßigen Einsatz bei Patienten im Krankenhaus und in der Praxis standzuhalten.

Die sehr frühen akustischen Potentiale spiegeln die bioelektrische Aktivität im Hörorgan wider ("Cochleogramm") und sind speziell für den Hals-Nasen-Ohren-Arzt von Interesse. Die frühen akustischen Potentiale geben Einblick in den Funktionszustand der Hörbahnabschnitte im Hirnstamm und sind besonders für den Neurologen interessant. Dabei ist zu berücksichtigen, daß eine Läsion in diesem Bereich ohne subjektive Hörstörung einhergehen kann. Akustische Potentiale mittlerer Latenz entstehen in den nächsthöheren Stationen der Hörbahn auf dem Weg zur Hirnrinde. Sie sind zumeist von Muskelpotentialen als Reflexantwort auf die akustische Reizung überlagert und spielen in der Routine keine Rolle. Späte akustisch evozierte Potentiale entstehen in der Hirnrinde und stehen mit der corticalen Verarbeitung des Höreindrucks im Zusammenhang. Sie sind Gegenstand neuropsychologischer und psychophysiologischer Forschung.

Das vorliegende Büchlein wendet sich insbesondere an Neurologen und in der Neurologie und Klinischen Neurophysiologie tätige technische Assistenten, die sich mit den Grundlagen und den Methoden der frühen akustisch evozierten Potentiale vertraut machen wollen. Auch Hals-Nasen-Ohren-Ärzte, Audiologen und deren Assistenten können es mit Gewinn zurateziehen. Das Büchlein hebt weniger auf die wissenschaftliche Durchdringung als vielmehr die praktische Anwendung der Methode ab. Dabei wird auch eine Einführung in die technischen Grundbegriffe und die Mittelungstechnik gegeben. Fallbeispiele und Angaben zur kritischen Bewertung der Befunde runden die Darstellung ab. Wir hoffen, daß es dem Leser ein hilfreicher Wegbegleiter ist.

Wien, im Frühjahr 1989
Th. Mergner
A. Ebner
L. Deecke

# Inhaltsverzeichnis

1. Definition ..... 1
2. Einteilung der AEP ..... 3
3. AEP sehr kurzer Latenz ..... 6
4. AEP kurzer Latenz ..... 7
4.1 Identifizierung der einzelnen Wellen ..... 10
4.2 Berücksichtigung der Amplituden ..... 16
4.3 Untersuchungstechnik ..... 18
4.3.1 Ableitungspunkte, Elektroden ..... 19
4.3.2 Akustische Reizung ..... 21
4.3.3 Verstärker, Filter ..... 25
4.3.4 Mittelwertbildung ..... 26
4.3.5 Untersuchungsablauf ..... 28
4.3.6 Normwerte ..... 29
4.3.7 Befund und Beurteilung ..... 31
4.4 Bestimmung der Hörschwelle ..... 36
4.5 Pathologische Befunde ..... 37
4.5.1 Cochleäre Hörstörungen ..... 40
4.5.2 Prozesse im Bereich Hörnerv / Kleinhirnbrückenwinkel ..... 41
4.5.3 Prozesse im Bereich Pons / Mesencephalon ..... 46
4.5.4 Hirntod ..... 50
5. AEP mittlerer Latenz ..... 51
6. AEP später Latenz ..... 53
Literatur ..... 54
Sachverzeichnis ..... 56

# 1. Definition

Treffen abrupte Schallreize auf das Ohr, so lösen sie im Sinnesepithel des cortischen Organs eine bioelektrische Aktivität aus, die zu einer synchronen Entladung der Hörnervenfasern führt und dann entlang der Hörbahn fortgeleitet wird. Ausbreitung und synaptische Umschaltprozesse dieser Aktivität führen zu lokalen Potentialverschiebungen, die in das von der Schädelkalotte abgeleitete EEG einstreuen ("far-field" - Potentiale). Durch Mittelung über viele reizsynchrone EEG-Abschnitte lassen sich diese sehr schwachen Potentialverschiebungen extrahieren, während sich nichtreizsynchrone EEG-Wellen anderer Genese gegenseitig auslöschen. Bei standardisierter Reizung und Ableitung kann diese Untersuchungsmethode zur "objektiven Audiometrie" eingesetzt werden.

In der Neurologie werden zumeist nur die akustisch evozierten Potentiale kurzer Latenz ("Frühe AEP", "Hirnstamm-AEP") abgeleitet. Sie dienen zum Nachweis von Schäden im Bereich der unteren Hörbahnabschnitte. Es geht zum einen um die Feststellung, ob die Ursache einer Hörstörung retrocochleär gelegen ist (z.B. beim Akustikusneurinom), zum anderen um die Feststellung von Krankheitsprozessen im Bereich von Pons und Mesencephalon (z.B. bei Multipler Sklerose). Voraussetzung für den Einsatz dieser Methode ist jedoch, daß Mängel der Schalleitung im Mittelohr sowie der mechanoelektrischen Umsetzung im Innenohr durch Anpassung der Reizintensität ausgeglichen werden. Im Fall von pathologisch veränderten Potentialkurven können Aussagen über den Ort der Hörbahnläsion gemacht werden, nicht jedoch über Art und Ursache der Läsion.

Seit etwa einhundert Jahren wurde versucht, durch akustische Reizung eine Änderung der elektrischen Hirnaktivität auszulösen und nachzuweisen. Dies gelang zunächst nur bei Tieren mittels direkter corticaler Ableitung beim geöffneten Schädel. Erst in den 70er Jahren dieses Jahrhunderts ermöglichten technische Weiterentwicklungen (Verstärker, Computer) den nichtinvasiven und routinemäßigen Einsatz dieser Methode beim Menschen, wobei die Reizantworten aus dem EEG herausgemittelt werden. Insbesondere die grundlegenden Arbeiten von Sohmer und Feinmesser (1967), Jewett und Williston (1971), Sohmer et al. (1974) sowie Starr und Hamilton (1976) haben der Registrierung akustisch evozierter Potentiale einen festen Platz in der neurologischen Funktionsdiagnostik verschafft. Im folgenden soll eine kurze Einführung in Ableitung und Interpretation der "frühen" AEP ("Hirnstamm-AEP") gegeben werden. Dabei wird auch auf die Problematik dieser Methode eingegangen, um zu hohen Erwartungen vorzubeugen und vor "Überinterpretationen" zu warnen. Die "sehr frühen", "mittleren" und die "späten" AEP werden nur kurz erwähnt. Auf weiterführende Übersichtsliteratur sei nachdrücklich hingewiesen (Chiappa 1983, Lowitzsch et al. 1983, Maurer et al. 1982, Stöhr et al. 1982). Die vorliegende Übersicht ist als Einführung und praktische Anleitung für denjenigen gedacht, der sich mit dieser Methode vertraut machen will.

## 2. Einteilung der AEP

Sie erfolgt nach dem zeitlichen Auftreten (der Latenz) der Potentiale. Mit dem Begriff "Potentiale" sind Schwankungen der abgeleiteten Spannung um den Ausgangswert gemeint. Die Maxima bzw. Minima (Umkehrpunkte) dieser Schwankungen werden, je nach Konvention, mit Buchstaben oder Zahlen versehen. Kennzeichnend für ein bestimmtes Potential ist zum einen seine Gipfellatenz, bezogen auf den Reizbeginn, zum anderen seine Polarität (z.B. wird ein Potentialverlauf nach positiv zusammen mit der anschließenden Umkehr von positiv nach negativ als "positives Potential" oder "positive Welle" bezeichnet, unabhängig von der momentanen Lage dieser Schwankung relativ zum Ausgangsniveau). Typischerweise wächst mit zunehmender Dauer der Aktivitätausbreitung im Gehirn die Anzahl der involvierten Potentialgeneratoren und damit die Amplitude der Potentiale. Ferner werden die Potentialschwankungen "träger", d.h. die Wellen werden breiter und die Abstände zwischen den Maxima ("Gipfeln") werden größer. So sind z. B. die frühen akustisch ausgelösten Potentiale, die im ersten Abschnitt der Hörbahn (im Hirnstamm) entstehen, sehr klein und schnell; bei ihrer Ableitung wird folglich eine hohe Verstärkung und zeitliche Auflösung verwendet. Die späten akustisch ausgelösten Potentiale, die im Kortex entstehen, sind dagegen relativ groß und träge; sie werden mit niedriger Verstärkung und zeitlicher Auflösung abgeleitet.

Auf dem Hintergrund der Latenz und des Entstehungsortes werden die AEP gewöhnlich in die vier folgenden Abschnitte eingeteilt: sehr frühe ("cochleäre"), frühe ("Hirnstamm-"), mittlere ("supramesencephale") und späte ("kortikale") Potentiale. Einen zusammenfassenden Überblick gibt die Abbildung 1 A - D.

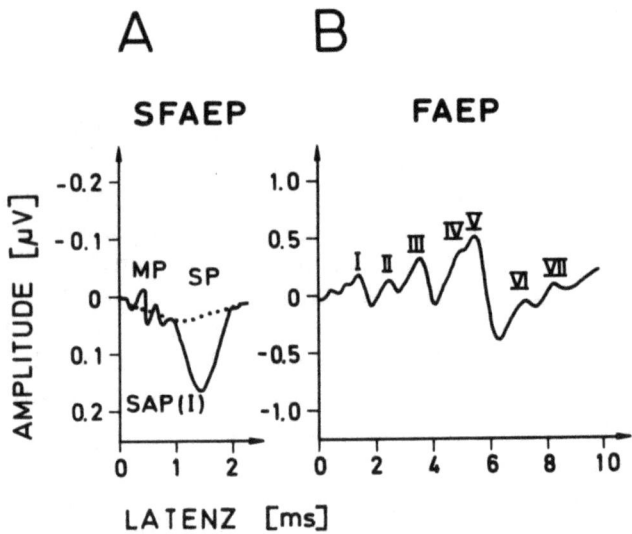
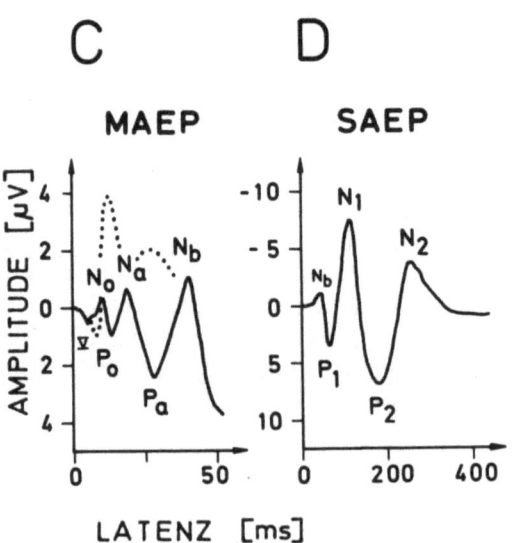

*Abbildung 1: Einteilung der AEP.* Schematisierte Übersicht. In A, C und D ist negativ und in B positiv noch oben aufgetragen (beachte die Vorzeichen auf den Ordinaten).
*A AEP sehr kurzer Latenz ("Sehr frühe AEP, SFAEP").* Zeitabschnitt: 2 ms nach Reizbeginn. Bei hoher Verstärkung (vgl. Ordinate) werden die Mikrophonpotentiale (MP) der Cochlea und anschließend das Summenaktionspotential (SAP) des Hörnerven erfaßt. Bei Alternieren der Reizphase würden sich die MP gegenseitig auslöschen, und eine Verschiebung des cochleären Bestandpotentials würde sichtbar (Summationspotential; SP, gepunktet).
*B AEP kurzer Latenz ("Frühe AEP, FAEP").* Zeitabschnitt: 10 ms. Auf die Potentialantwort des Hörnerven (I; entspricht SAP in A) folgen zunächst vier Wellen (II - V) mit Ursprung im Hirnstamm und dann zwei weitere Potentiale (VI u. VII) ungeklärten Ursprungs.
*C AEP mittlerer Latenz ("MAEP").* Zeitabschnitt: 50 ms; die Potentialsequenz besteht aus einer Negativierung (Na), Positivierung (Pa) und erneute Negativierung (Nb); die Entstehungsorte sind wahrscheinlich das Geniculatum mediale und die Hörrinde. Zwei weitere Potentiale können vorausgehen (No, Po). Beim wachen und muskulär verspannten Patienten finden sich myogene Potentialeinstreuungen (hier die sog. sonomotorische Reflexantwort; gepunktete Kurve).
*D AEP später Latenz ("Späte AEP, SAEP").* Zeitabschnitt: 400 ms. Bei Wachheit und Aufmerksamkeit schließen sich an die MAEP zwei weitere positiv-negativ-Sequenzen an (P1-N1, P2-N2). Entstehung wahrscheinlich durch kortikale "Verarbeitung" des Höreindrucks.

# 3. AEP sehr kurzer Latenz
## (Sehr frühe AEP, SFAEP)

Sie treten innerhalb der ersten 1.5 - 2 ms nach Reizbeginn auf (s. Abb. 1A). Sie entstehen überwiegend im Innenohr. Ihre Ableitung bezeichnet man daher auch als Elektrokochleographie (ECochG). Das auslösende akutische Signal führt zu mechanischen Auslenkungen der Haarzellen im cortischen Organ, die von lokalen Membranwiderstandsänderungen und Ionenverschiebungen begleitet sind. Die Potentialveränderungen lassen sich mittels Verstärker und Lautsprecher wieder in akustische Signale zurückverwandeln (man spricht deshalb von "Mikrophonpotentialen"). Diesen schnellen Potentialschwingungen ist eine langsame Verschiebung des Bestandpotentials im Innenohr unterlegt ("Summationspotential"). Bei starker, abrupt einsetzender Reizung wird in der Ableitung auch die Entladung der Nervenfasern des N. acusticus sichtbar ("Summenaktionspotential"; SAP oder Welle I der FAEP, s.u.). Diese drei Potentialarten werden bei Ableitung der frühen AEP (FAEP) gewöhnlich miterfaßt, wobei aber die deutlich geringere Verstärkung und die geringere zeitliche Auflösung nur eine Auswertung der relativ großen Welle I zulassen (vgl. in Abb. 1 A und B, die Verstärkung, Ordinate, und die Zeitbasis, Abszisse).

Die genauere Analyse der SFAEP bleibt speziellen Fragestellungen und Ableitungstechniken vorbehalten (s. Gibson 1978, Maurer et al. 1982). Sie spielt in der neurologischen Diagnostik keine Rolle.

# 4. AEP kurzer Latenz
# (Frühe AEP, FAEP)

Es handelt sich um sieben positive Potentialschwankungen ("Wellen"), die im Latenzbereich zwischen 1 und 10 ms auftreten (Abb. 1B). Sie wurden erstmals von Sohmer und Feinmesser (1967) und von Jewett und Williston (1971) beschrieben. Die Benennung der einzelnen Potentiale erfolgt nach ihrer zeitlichen Reihenfolge, üblicherweise mit römischen Zahlen (I - VII). Dabei hat sich eingebürgert, positive Potentialausschläge - anders als bei den evozierten Potentialen sonst üblich - nach oben darzustellen. Die Welle I und wesentliche Anteile der Welle II werden auf die synchrone Entladung von Hörnervenfasern zurückgeführt. Die Wellen III - V sollen dagegen im Hirnstamm entstehen (daher auch "akustisch evozierte Hirnstammpotentiale, AEHP" genannt; engl.: brainstem auditory evoked responses, BAER).

Bei standardisierter Reizung und Ableitung beim Gesunden sind die Wellen I - V individuell und interindividuell gut reproduzierbar. Sie sind weitgehend unbeeinflußt von der Vigilanz und nur gering beeinflußt vom Alter (Ausnahme: Kinder; s.u.) und vom Geschlecht. Dies macht sie für den klinisch-diagnostischen Einsatz in der neurologischen Routine geeignet.

## Hörbahn

Ihr unterer Abschnitt ist in Abbildung 2 stark vereinfacht dargestellt. Die Aktivität der Hörnervenfasern wird in den Hörnervenkernen (Nucleus cochlearis dorsalis et ventralis in der Medulla oblongata) von den peripheren auf zentrale Neurone umgeschaltet. Im weiteren Verlauf kreuzt die Mehrzahl der Fasern auf die Gegenseite, getrennt in dorsale (stria acustica) und ventrale (Trapezkörper) Bündel, während ein geringerer Teil ipsilateral verbleibt. Relaisstationen auf dem Weg zur Hörrinde sind zunächst der obere Olivenkern in der Brücke und, nach Fortleitung über die laterale Schleifenbahn (Lemniscus lateralis) der mediale Kniehöcker (Corpus geniculatum mediale) im Zwischenhirn. Die Projektion endet

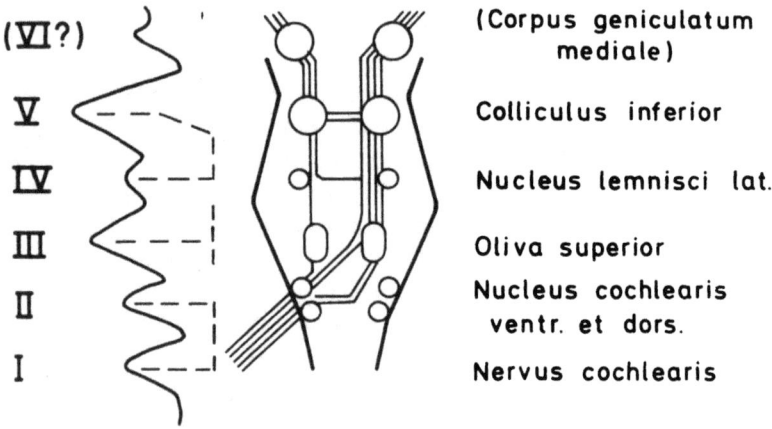

*Abbildung 2:* Vereinfachte Darstellung des Hirnstamms mit dem unteren Abschnitt der Hörbahn. Schematische Zuordnung der FAEP (Wellen I - V, links) zu einzelnen Hörbahnabschnitten.

im Gyrus temporalis transversus (Cortex A1; Areae 41 u. 42). In Parallelschaltung dazu wird ein Teil der Fasern in Kernen der Brücke (zusammengefaßt als Nucl. lemniscus lat.) sowie in den unteren zwei Hügeln (Colliculi inferiores) des Mittelhirndachs umgeschaltet. Ferner mündet ein Teil der Aktivität in der Retikulärformation des Hirnstamms. Die Auffächerung und mehrfache Kreuzung hat zur Folge, daß eine einseitige Läsion oberhalb der Hörnervenkerne kaum jemals zu einer subjektiven Hörstörung führt.

## "Topodiagnostik"

Es liegt nahe, die FAEP bestimmten Stationen der Hörbahn zuordnen zu wollen. Dies ist aber nur eingeschränkt möglich. Zwar leisten die neuronalen Umschaltungsprozesse (die postsynaptischen Potentiale) in den Kerngebieten wahrscheinlich den größten

Beitrag zur Entstehung der Wellen. Eine Vorstellung, wonach es sich um in Serie geschaltete Potentialgeneratoren handelt, die nacheinander kurz an- und wieder abgeschaltet werden, wird den tatsächlichen Verhältnissen aber nicht gerecht (s.o., Hörbahn). Ferner ist zu berücksichtigen, daß die beiden Ableitungselektroden weit entfernt von den Generatoren an der Kalottenoberfläche plaziert sind ("Fernabgriff"); von den einzelnen Potentialänderungen im Hirnstamm wird die Summe abgegriffen und zwar als Potentialdifferenz zwischen beiden Abgriffspunkten (vgl. Abb. 5). Das derart erfaßte "Mittel über alles" weist jedoch typische Potentialmaxima (Umkehrpunkte) auf, die man, weitgehend empirisch abgesichert, bestimmten Hirnstammabschnitten zuordnen kann.

Vor Jahren ordnete man die Welle I dem Hörnerven zu, den Wellenbereich II - III dem Hörbahnabschnitt im Bereich der oberen Medulla oblongata und der unteren Brücke (Pons) und den Wellenbereich IV - V dem Hörbahnabschnitt im Bereich der oberen Brücke und dem unteren Mittelhirndach. Diese Zuordnung wurde neuerdings, hauptsächlich auf Grund tierexperimenteller Befunde, in Frage gestellt. Unter Einbeziehung dieser neueren Befunde ergibt sich derzeit folgendes Bild (vgl. Abb. 2): Entstehung der Welle I im Bereich des distalen (dem Ganglion spirale nahen) Anteils des Hörnerven, Welle II beim Menschen im proximalen Hörnerven (vgl. unten, Hirntod), Welle III im Bereich des medullo-pontinen Übergangs (einschl. Nuclei cochleares, obere Olive), Welle IV und V im Bereich der mittleren bis oberen Brücke (eine Zuordnung der Welle V zum Colliculus inf. erscheint fraglich). Die Zuordnung der Wellen VI und VII ist bis heute ungeklärt und findet bei der Auswertung der Kurven keine Berücksichtigung. Es sei angemerkt, daß selbst diese grobe Einteilung nicht unumstritten ist.

Läsionen auf einer Hirnstammseite werden am besten mit einer Reizung des gleichseitigen Ohrs erfaßt, auch wenn die Läsion oberhalb der Hörnervenkerne lokalisiert ist. Dies mag paradox erscheinen, da die Hörbahn, wie dargestellt, überwiegend kreuzt. Möglicherweise liegt dies am "Fernabgriff". Denkbar ist auch, daß die ipsilateral aufsteigenden Bahnen sowie die Projektionen in die ipsilaterale Formatio reticularis eine Rolle spielen, ferner Rückkreuzungen von der kontralateralen auf die ipsilaterale Seite. Die

Seite der Ableitung spielt für die Seitenlokalisation einer pontomesencephalen Läsion dagegen kaum eine Rolle. Sie ist nur bei der Seitenbestimmung einer Hörnervenläsion relevant; die Welle I wird nur bei Ableitung von der ipsilateralen Seite ausreichend gut erfaßt (s.u.).

## 4.1 Identifizierung der einzelnen Wellen

Es genügt nicht, die Einordnung der Wellen lediglich anhand eines Durchzählens der positiven Wellengipfel vorzunehmen. Außer der Reihenfolge ist jeweils der für jede Welle typische Latenzbereich zu berücksichtigen. Voraussetzung für die Bewertung pathologischer Potentialkurven ist zunächst eine umfassende Kenntnis von Normalbefunden und von Normvarianten. Im folgenden sollen daher zunächst die Normalbefunde der Wellen I - V und anschließend ihre möglichen Veränderungen besprochen werden. Auf eine Besprechung der Wellen VI und VII wird verzichtet, da ihre Entstehungsorte nicht geklärt sind. Es sei noch erwähnt, daß die Verwertung speziell der positiven Potentialgipfel lediglich Konvention ist. Einen überzeugenden theoretischen Hintergrund hat diese Betrachtungsweise nicht, so daß ihr etwas Willkürliches anhaftet. Sie hat sich aber bewährt.

Die Angaben über die Latenzen der Wellen I - V variieren von Labor zu Labor in Abhängigkeit von den technischen Reiz- und Ableitebedingungen. Jedes Labor muß daher eigene Normwerte erstellen (s. 4.3.6). Gemessen werden die Latenzen der positiven Potentialgipfel vom Beginn des Reizartefaktes an. In der Routine berücksichtigt man üblicherweise nur die Wellen I, III und

*Abbildung 3: Variabilität der FAEP. A - F Normalbefunde mit unterschiedlicher Ausprägung der Wellen I - V. Beachte in D die geringe Amplitude der Welle V, die nur als "auffällig" bewertet wird, wenn der Befund seitengleich ist. G FAEP von einem Patienten mit Multipler Sklerose. Die Potentialkurve ist quasi seiner Einzelkomponenten beraubt, zeigt aber noch die charakteristischen Negativierungen, die typischerweise auf I und IV/V folgen. In H ist dies in schematisierter Form wiedergegeben.*

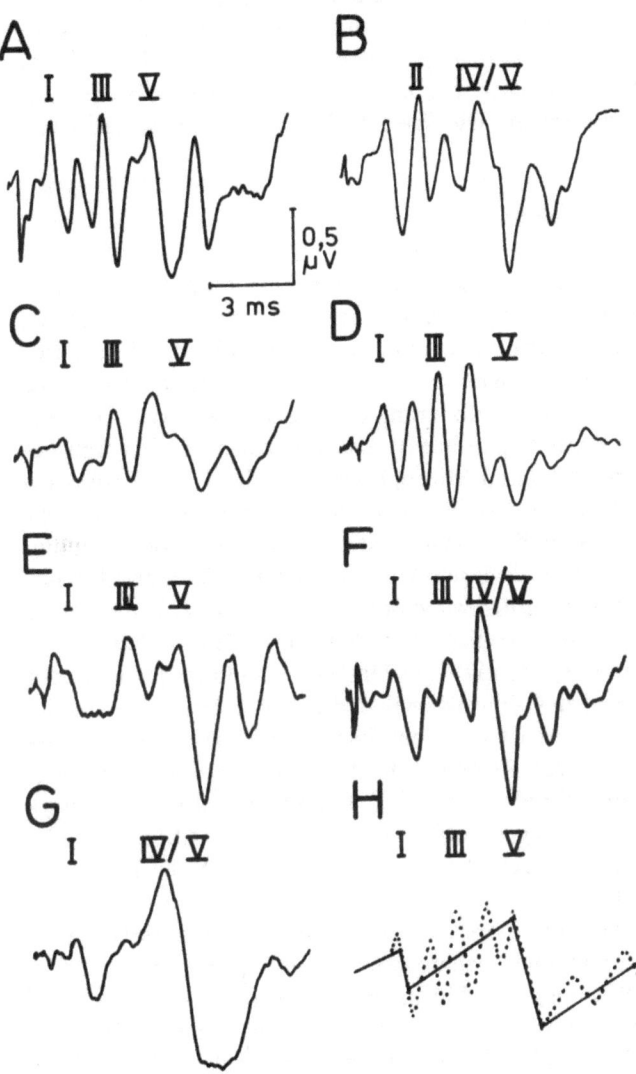

V. Durch Subtraktionen lassen sich die gleichermaßen wichtigen Latenzdifferenzen V - I, III - I und V - III ("inter-peak-Latenzen", "Leitzeiten") ermitteln. Die im folgenden angegebenen Latenzen entstammen dem eigenen Datenfundus und entsprechen weitgehend den in der Literatur angegebenen Werten. Sie können dem Leser als Richtschnur dienen, sollten ihm aber keinesfalls die eigenen Normwerte ersetzen. Die Werte gelten für eine Reizstärke von 75 dB SL.

*Welle I (Latenzbereich 1.3 - 1.8 ms)*

Bei dem ersten, abgesetzten positiven Gipfel der Ableitungskurve handelt es sich gewöhnlich um die Welle I (Abb. 3A). Typischerweise folgt auf den positiven Gipfel ein deutlicher Potentialabfall (eine Negativierung), was im Zweifelsfall eine wichtige Hilfestellung bei der Identifizierung der Welle I gibt (vgl. Abb. 3C, E und schematisierte Kurve in H). Abzugrenzen sind die vorausgehenden Reizartefakte und Mikrophonpotentiale. Die Abgrenzung gelingt besonders gut bei Verwendung alternierender Reize (s. 4.3.2), da dabei sowohl Reizartefakte als auch Mikrophonpotentiale in ihrer Polarität wechseln und sich somit weitgehend herausmitteln. Sollte die Identifizierung dennoch Schwierigkeiten machen, so kann man versuchen, die Darstellung der Welle I dadurch zu verbessern, daß man anstelle vom Mastoid, vom Ohrläppchen oder vom inneren Teil der Ohrmuschel der ipsilateralen Seite ableitet (vgl. 4.3.1). Erschwert ist die Identifizierung bei Ableitung von der Seite kontralateral zur Reizung. Der Welle I kann ein zusätzlicher positiver Potentialgipfel (I'; Abb. 3E Latenz ca. 1.0 ms) vorausgehen (6); sein Ursprung ist offen. Im Beispiel der Abbildung 12A (Akustikusneurinom rechts) findet sich nur eine Welle I' und die verzögerte Welle V.

Eine deutlich ausgeprägte Welle I ist die Voraussetzung für die Verwertbarkeit aller nachfolgenden Wellen. Sie gibt die Gewähr, daß am Anfang der Hörbahn eine ausreichend starke und synchronisierte Aktivität ansteht. Eine häufige Schwierigkeit bei der Ableitung von Patienten besteht nun darin, daß cochleäre Hörstörungen vorliegen, und die Synchronisierung der Mikrophonpotentiale nicht ausreicht, um eine annähernd gleichzeitige Entladung der nachgeschalteten Hörnervenfasern zu bewirken. In solchen Fällen kann sich die Welle I verzögert herausbilden oder sogar vollständig fehlen (vgl. Abb. 11C, D). Die nachfolgenden Potentialgeneratoren können dennoch angestoßen werden, wobei die resultierenden Wellen in den FAEP (zumeist III und V) eine verlängerte Latenz oder eine verkleinerte Amplitude aufweisen. Diese Veränderungen können nicht ohne weiteres als pathologisch bewertet werden (Abhängigkeit der FAEP von der Reizstärke, 4.4). Es kann schwierig oder sogar unmöglich sein, derartige Veränderungen der Potentialkurve von gleichartigen Veränderungen abzugrenzen, wie sie bei einer Druckläsion des Hörnerven durch ein Akustikusneurinom auftreten können (vgl. Abb. 12B, C mit Abb. 11 A - D). Zumeist ist beim Akustikusneurinom die Welle I mit regelrechter Latenz vollständig oder teilweise erhalten, während die Latenz der Welle II und der folgenden Wellen verlängert ist (Abb. 12A, 13A). Eine Amplitudenreduktion und/oder eine Latenzverlängerung der Welle I findet sich auch bei lokalen Entzündungen (z.B. im Rahmen basaler Meningitiden) und bei schweren Neuropathien (der Hörnerv ist, anders als der Nervus opticus, ein peripherer Nerv).

*Welle II (Latenz: ca. 2.6 ms)*

Bei ipsilateraler Ableitung ist sie gelegentlich nur schwach ausgeprägt (Abb. 3C) oder sie fehlt gänzlich (Abb. 3E). Beim Gesunden kann sie dann aber meistens bei kontralateraler Ableitung erfaßt werden. Die kontralaterale Ableitung kann eventuell dann zusätzlich zur ipsilateralen mit herangezogen werden, wenn man bei vergrößerter Latenzdifferenz III - I untersuchen will, ob die Verzögerung bereits mit der Welle II beginnt (z.B. beim Akustikusneurinom), oder erst ab der Welle III (z.B. bei einem intrapontinen Prozeß). Bei derartigen Befunden wird man aber auch immer andere Untersuchungen veranlassen (Audiometrie, Schädel-CT mit Kontrastmittelgabe etc.).

*Welle III (Latenz 3.3 - 4.1 ms; Latenzdifferenz III - I: 1.9 - 2.5 ms)*

Ihr Auftreten ist bei Normalpersonen konstant, so daß ihr Ausfall in jedem Fall als pathologisch zu bewerten ist (Abb. 14B). Eine auffallend schwache Ausprägung (besonders, wenn sie einseitig ist) wird als "Auffälligkeit" bewertet und rechtfertigt weitergehende Untersuchungen. Dagegen stellen Knotungen im aufsteigenden oder abfallenden Teil der Welle oder eine Doppelgipfligkeit lediglich Normvarianten dar.

Eine Latenzverlängerung der Welle III ist, für sich, genommen nur dann als pathologisch zu bewerten, wenn die Welle I regelrecht ist (s.o.). In einem solchen Fall ist auch die Latenzdifferenz III - I und fast ausnahmslos auch die Latenzdifferenz V - I vergrößert.

Eine vergrößerte Latenzdifferenz III - I bei regelrechter Welle I weist auf einen Prozeß im Kleinhirnbrückenwinkel oder in der unteren Brücke hin. Zur Unterscheidung zwischen diesen beiden Möglichkeiten kann die Welle II herangezogen werden (s.o.). Bei den Kleinhirnbrückenwinkeltumoren handelt es sich zumeist um Akustikusneurinome. Als Ursache einer pontinen Schädigung kommen Entmarkungen sowie raumfordernde, entzündliche oder vaskuläre Prozesse in Betracht. Eine Aussage zugunsten einer dieser möglichen Ursachen ist aufgrund des FAEP-Befundes allein nicht möglich. Bemerkenswert ist, daß in einigen Fällen (z.B. im Rahmen von MS und von heredodegenerativen Erkrankungen) die Welle III fehlen kann, ohne daß die Latenzdifferenz V - I vergrößert ist. Bei Raumforderungen in diesem Bereich ist sie fast ausnahmslos vergrößert.

*Welle IV (Latenz: um 4.9 ms)*

Gelegentlich tritt sie isoliert auf (Abb. 3D), zumeist aber zusammen mit der Welle V in Form eines gemeinsamen IV/V-Komplexes (Abb. 3A - C, E). Ähnlich wie die Welle II hängt sie stark von der Reizstärke ab und kann gelegentlich fehlen. Sie wird daher bei der Befundung nicht isoliert berücksichtigt. Man wird das Augenmerk aber dann gezielt auf sie richten, wenn sie deutlich ausgeprägt ist und eine normale Latenz aufweist, während die nachfolgende Welle V verändert ist (Abb. 14C - E).

*Welle V (Latenz: 5.1 - 6.1 ms; Latenzdifferenz V - I: 3.6 - 4.4 ms; Latenzdifferenz V - III: 1.6 - 2.1 ms)*

Sie stellt die markanteste Welle der FAEP dar und kann selbst bei sehr niedrigen Reizstärken noch identifiziert werden, dann allerdings mit längerer Latenz (s.u.). Ähnlich wie bei der Welle I dient der nachfolgende Potentialabfall (Negativierung) als wichtiges Kriterium bei ihrer Identifizierung (vgl. Abb. 14A - C; ferner schematisiert in Abb. 3H). Beim Zusammenfallen der Welle IV und V in einen IV/V-Komplex ist gewöhnlich der letzte markante positive Gipfel vor dem Abfall oder die Knotung im Abfall als Welle V zu bezeichnen.

Selten kann die Welle V, deutlich abgesetzt, nach dem Abfall der Welle IV auftreten (Abb. 3D). Vereinzelt kann sie mit der Welle IV vollständig verschmolzen sein und davon nicht isoliert werden; dann ist die Latenz des IV/V-Gipfels gewöhnlich um 0.2 - 0.5 ms kürzer als im Falle einer deutlich abgrenzbaren Welle V. Treten diese beiden Besonderheiten nur einseitig auf, so sollten sie als "Auffälligkeit" im Befund vermerkt werden. Folgt im Verlauf des IV/V- oder V-Abfalls noch ein weiterer reproduzierbarer Gipfel, kann es sich um eine Aufsplitterung der Welle V oder bereits um die Welle VI handeln (Latenzdifferenz VI - V > 1 ms). Eine Verdeutlichung des V-Gipfels aus einem IV/V-Komplex heraus ist durch Verringerung der Reizstärke, zum Beispiel um 20 dB, möglich; dabei bleibt die Welle V mit nur geringer Latenzverschiebung erhalten, während die Welle IV in den Hintergrund tritt.

Eine Latenzverlängerung der Welle V ist nur auf dem Hintergrund einer regelrechten Welle I verwertbar (s.o.). Bei grenzwertiger V-Latenz ist die Latenzdifferenz V - I als Kontrolle heranzuziehen. Bei vergrößerter Latenzdifferenz V - I sind dann weiterhin die Latenzdifferenzen III - I und V - III miteinander zu vergleichen. Ist die Differenz III - I bevorzugt betroffen, so spricht dies für eine Läsion im Bereich Medulla/Pons (s.o.). Dabei kann die Differenz V - III eventuell zusätzlich (sekundär) vergrößert sein. Ist alleinig oder bevorzugt die Differenz V - III vergrößert, so spricht dies für eine Läsion im Bereich der oberen Brücke (evtl. auch des angrenzenden Mesencephalons). Eine solche sequentielle Betrachtungsweise der Wellen II - V bewährt sich zumeist. Sie ist jedoch mit einer Einschränkung zu versehen. Die Generatoren dieser Wellen sind nicht notwendigerweise seriell hintereinander geschaltet. So kann der IV/V-Komplex auch einmal erhalten sein, obwohl die Wellen II und III ausgefallen sind. In Abbildung 3G sind die FAEP eines Patienten mit MS gezeigt. Die Potentialkurve erscheint weitgehend ihrer Einzelwellen beraubt. Dadurch treten besonders deutlich die negativen Potentialschwankungen im Anschluß an die Welle I und an den IV/V-Komplex hervor. Man kann sich vorstellen, daß die Einzelwellen normalerweise eine derartige Grundwelle überlagern (in Abbildung 3H schematisch dargestellt). Diese vereinfachte Vorstellung kann bei der Identifizierung der Welle I und V hilfreich sein (s.o.).

In einem nicht-selektionierten Krankengut ist die häufigste Ursache von Veränderungen der Welle V eine Entmarkung im Rahmen einer MS. Weitere mögliche Ursachen sind vaskuläre, raumfordernde und entzündliche Prozesse, sowie heredodegenerative Krankheiten und Leukodystrophien.

Bei grenzwertigen Befunden ist es vorteilhaft, die Latenzen bzw. die Latenzdifferenzen auf Seitenunterschiede hin zu überprüfen. Auch dazu sind Normgrenzen zu erstellen (s.u.). Die obere Grenze für die interaurale Latenzdifferenz der Welle V beträgt bei unserem Normalkollektiv 0.3 ms. Fallen die Werte bei einem Patienten außerhalb dieser Grenze, so sind Befundkontrollen und eventuell auch weiterführende Untersuchungen angezeigt.

**4.2 Berücksichtigung der Amplituden**

Die Amplituden der Wellen I - V variieren interindividuell außerordentlich stark (0,1 - 1.0 $\mu$V). Zwar werden in der Literatur gelegentlich Normwerte im absoluten Maßstab angegeben, in den meisten Labors werden sie aber bei der routinemäßigen Befundung nicht berücksichtigt. Zumeist beschränkt man sich bei der Auswertung auf relative Amplitudenangaben, d.h. auf einen Vergleich der Wellen untereinander. Wegen ihres typischen Potentialabfalls (Negativierung) eignen sich die Gipfel-Tal-Amplituden der Welle I

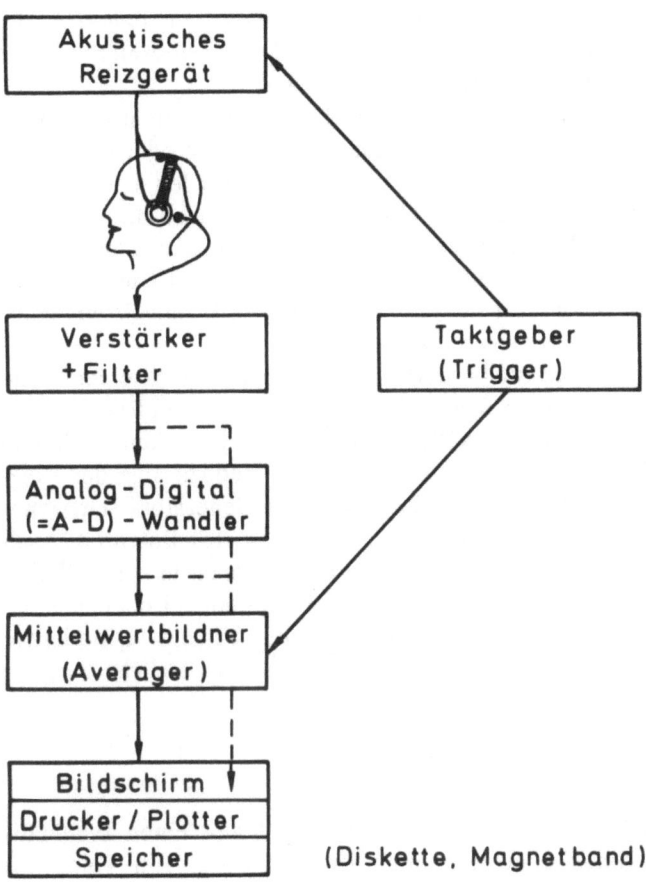

**Abbildung 4:** *Apparative Ausstattung zur FAEP-Ableitung. Darstellung als Blockschaltbild.*

und der Welle V (bzw. des IV/V-Komplexes, wenn V nur als Knotung auftritt) für einen solchen Vergleich besonders gut. Der Quotient aus beiden (Quotient V/I) sollte > 1 sein (vgl. Abb. 14C). Zusätzlich kann man als "auffällig" bezeichnen, wenn der Abfall der Welle V bzw. des IV/V-Komplexes länger als 1 ms dauert (Abb. 14B) bzw. langsamer als 0.4 µV/ms erfolgt (durch Anlegen einer Tangente ist der Abfall leicht zu bestimmen).

Die Amplitude der Welle III kann man qualitativ im Vergleich zu den Gipfel-Tal-Amplituden von I und V oder im Seitenvergleich erwähnen. Quantitative Angaben werden dadurch erschwert, daß Tal-Gipfel- und Gipfel-Tal-Amplituden der Welle III von Fall zu Fall sehr unterschiedlich ausfallen. Auch das Mittel über beide Werte gibt die Ausprägung der Welle III nicht immer ausreichend wieder, da sie quasi in die Wellen II und IV eingebettet ist.

Anzumerken bleibt, daß Amplitude und Latenz einer Welle nicht zwei voneinander unabhängige Größen sind. Bei Reduzierung der Reizintensität nehmen die Latenzen zu und die Amplituden ab (s. 4.4). Man kann sich vorstellen, daß bei Reduzierung der Reizstärke die Synchronisierung des jeweiligen Generators schwächer ausfällt und damit ein kleineres und verzögertes Potential resultiert. Dies dürfte in ähnlicher Weise bei Läsionen in vorgeschalteten Hörbahnabschnitten der Fall sein. Insgesamt sei nochmals betont, daß die Latenz der Wellen die bessere quantitative Messgröße darstellt als die Amplitude; ihre zusätzliche Angabe stellt aber eine brauchbare Ergänzung dar.

## 4.3 Die Untersuchungstechnik

Das Blockschaltbild in Abbildung 4 gibt einen schematischen Überblick über den apparativen Aufbau. Ein Taktgeber (Trigger) löst die akustische Reizung aus. Mit ihm wird auch die Wiederholungsrate (Reizfrequenz) festgelegt. Gleichzeitig mit der Reizung befiehlt er dem Mittelwertbildner (Averager), die unmittelbar auf den Reiz folgende Potentialkurve in einen Speicher einzulesen. Dieses Kurvenstück entstammt dem verstärkten und vorgefilterten EEG, das von einem Analog-Digital-Wandler in eine computergerechte Sequenz von Zahlenwerten umgewandelt wurde.

Hat der Mittelwertbildner die vorbestimmte Anzahl von Kurvenstücken verarbeitet, so wird der Taktgeber angehalten. Die Zwischenergebnisse und das Endergebnis der Mittelung werden fortlaufend auf einem Bildschirm dargestellt. Das Endergebnis kann zusätzlich mit einem Drucker (Darstellung im Punktraster) oder einem Plotter (x-y-Schreiber mit kontinuierlicher Kurvendarstellung) zu Papier gebracht werden. Bei manchen Anlagen ist auch eine Speicherung der Daten auf Diskette, Magnetband etc. möglich. Von Vorteil ist, wenn die Anlage es erlaubt, zwischenzeitlich auch das laufende EEG auf dem Bildschirm darzustellen (in Abb. 4 gestrichelt). Dadurch kann man die Ableitung wiederholt auf Artefakte (s.u.) hin überprüfen.

Auf die technischen Anforderungen an die Geräte wird hier nicht weiter eingegangen. Die handelsüblichen Geräte erbringen inzwischen zumeist die zu fordernden Leistungen. Besonders wichtig ist, daß vor der Ableitung die Ohren mittels Ohrenspiegel inspiziert werden; ein freier äußerer Gehörgang ist Grundvoraussetzung für eine verwertbare Ableitung. Die im folgenden aufgeführten Empfehlungen stimmen weitgehend, aber nicht vollständig, mit den Empfehlungen in der Literatur überein (z.B. Hacke et al. 1985).

*4.3.1 Ableitungspunkte, Elektroden*

Die *Ableitungspunkte* sind normiert nach dem 10-20-Elektrodensystem der Internationalen EEG-Föderation (deutschsprachige Beschreibung bei Pastelak-Price 1983). Bei Ableitung der FAEP werden folgende Ableitungspunkte verwendet:
   *(1) Vertex* (Scheitelpunkt; abgek. Cz); Mitte der Verbindungslinie Nasion (Vertiefung zwischen Stirn und Nase) und Inion (Knochenhöcker am Nackenmuskelansatz).
   *(2) Mastoid* (M; Zusatz 1 für links und 2 für rechts; oder abgekürzt Cb für Cerebellum).
   *(3) Stirnmitte* (Fpz).
   *(4) Ohrläppchen* (A für auris = Ohr; 1 = links, 2 = rechts).
   Die gewünschten Punkte werden zunächst einmal mit Filzstift markiert.
   Für die Routineableitung reichen gewöhnlich drei Ableitungspunkte, und zwar Cz (wird in den positiven Verstärkereingang

gesteckt), M$_{ipsilateral zur Reizung}$ (M$_i$; negativ) und M$_{kontralateral}$ (M$_k$; Masse). Anstelle von M kann auch A verwendet werden, wobei die Welle I (aber auch das Reizartefakt) deutlicher hervortritt. Soll gleichzeitig von ipsilateral und kontralateral abgeleitet werden, so empfiehlt sich Fpz als Massepunkt.

Als *Ableitungselektroden* eignen sich besonders Napfelektroden, die mit Hilfe einer leitenden Klebepaste an der Kopfhaut befestigt werden. Bei Ableitungen, die länger als eine Stunde dauern, trocknet die Klebepaste häufig aus, so daß ein anderes Vorgehen angezeigt ist (z.B. Fixierung der Elektroden mittels Kollodium). Das Anbringen von Elektroden mittels Klebering ist wegen der Haare schwierig. Nadelelektroden können schneller angebracht werden; dieser Vorteilt wird aber durch Nachteile mehr als aufgewogen (höherer Übergangswiderstand, schmerzhafte Anbringung, Sterilisation der Nadeln erforderlich).

Beim Anbringen der Elektroden geht man möglichst standardmäßig vor. Zunächst wird die Haut mit einem Reinigungsmittel gesäubert, wobei Fett und obere Zellschichten entfernt werden. Dazu eignen sich Mittel, die geringe Mengen Sand enthalten (z.B. "Omni Prep") oder Waschpetroleum. Man reibt solange, bis die Filzstiftmarkierung für den Ableitungspunkt verschwunden ist. Die mit Klebepaste gefüllte Napfelektrode wird auf die Stelle gelegt, mit einem Tupfer bedeckt (der der Paste z.T. die Feuchtigkeit entzieht und sie damit härtet) und für einige Augenblicke angepreßt. Anschließend wird mit einem Meßgerät der Elektrodenwiderstand überprüft. Er sollte unter 3 kOhm liegen. Höhere Widerstande begünstigen die Einstreuung von Artefakten.

Die Ableitung sollte in halbliegender oder liegender Position durchgeführt werden; außer dem Rumpf sollten auch Kopf und Extremitäten auf Unterlagen ruhen. Die Augen sind geschlossen zu halten, der Mund leicht geöffnet. Der Patient wird zur Entspannung und Nichtbeachtung des Hörreizes aufgefordert. Dies soll myogene Einstreuungen in das EEG verhindern. Tremor, unwillkürliche Kiefer-, Zungen-, Schlund- und Gesichtsbewegungen verschwinden im Schlaf (beim Erwachsenen ggf. durch Valium i.v.). Kleinkinder müssen fast immer im Schlaf untersucht werden (Chloralhydrat Rectiolen). Bei Erregungszuständen etc. kann man Haldol oder Distraneurin versuchen.

Als *Fehlermöglichkeiten* kommt insbesondere die Einstreuung von Artefakten in Betracht. Man überprüfe zunächst Sitz und Widerstand der Elektroden sowie die muskuläre Entspannung des Patienten. Erst nachfolgend werden die Elektrodenpolung, die Steckverbindungen und die Erdung kontrolliert. Kommt ein regelrechtes EEG zur Darstellung und hört der Patient den akustischen Reiz deutlich, so müssen auch FAEP von ausreichender Qualität ableitbar sein!

## 4.3.2 Akustische Reizung

Als *Reiz* wird zumeist ein sog. Klick verwendet. Das elektrische Signal dafür besteht aus einem Rechteck, dessen Dauer üblicherweise 100 s (50 - 250 s) beträgt. Dieser Impuls versetzt die Kopfhörermembran in eine abrupt einsetzende und gedämpft auslaufende Schwingung, die das elektrische Signal um ein Vielfaches überdauert. Je nach Polung des Rechtecks ist die initiale Auslenkung der Kopfhörermembran gegen das Trommelfell gerichtet (Druckreiz; engl.: condensation), oder davon weg (Sogreiz; rarefaction). Viele kommerzielle Reizgeräte erlauben heute auch ein Alternieren beider Reizarten. Dies hat den Vorteil, daß sich die Reizartefakte bei der Mittelung zum Teil gegenseitig aufheben. Es sind bisher keine überzeugenden Befunde berichtet, wonach unbedingt eine der drei Reizmöglichkeiten vorzuziehen wäre. Wichtig ist jedoch, daß das einmal gewählte Prozedere beibehalten wird, um eine optimale Standardisierung zu erreichen.

Der Klick wird subjektiv als "trockenes" Knacken wahrgenommen. Die in ihm enthaltenen Frequenzen (ca. 1000 - 4000 Hz) liegen im Hauptsprachbereich des Menschen. Tonreize unterschiedlicher Frequenz, wie sie beim Audiogramm verwendet werden, würden eine Reizdauer von > 200 ms erfordern, um subjektiv als Töne wahrgenommen zu werden. Sie eignen sich nicht für die gewünschte, möglichst pulsförmige Reizung. Eine einzelne Sinus-Halbwelle oder -Vollwelle scheint gewisse Vorteile gegenüber dem Klick zu bieten, hat sich aber als Reizform bisher nicht allgemein durchgesetzt. Der *Kopfhörer* soll einereits die mechanischen Schwingungen möglichst wenig auf den Knochen übertragen, andererseits wenig Luftschall "verlieren". In beiden Fällen bestünde anderenfalls die Gefahr eines "Übersprechens" auf das gegenseitige Ohr. Spezielle, von den Herstellern von FAEP-Geräten empfohlene Kopfhörer genügen zumeist den Anforderungen. Der eigentliche Schallgeber ist in einer zusätzlichen Schale untergebracht, die mit guter Polsterung dem Schädel anliegt. Zusätzlich kann das Ohr der Gegenseite mit "weißem" Rauschen (Intensität: z.B. 40 dB) vertäubt werden. Routinemäßig sollte die Reizung monoaural erfolgen, und zwar auf der Seite der Ableitung, um die Welle I möglichst deutlich zu erfassen (bei binauraler Reizung könnte ein einseitiger pathologischer Befund übersehen werden).

Die *Reizstärke* wird als Schalldruckpegel in Dezibel (dB) angegeben. Die Erhöhung eines beliebigen Schalldrucks ($p_o$; in bar) um den Faktor 10 entspricht einer Zunahme des Schalldruckpegels um 20 dB auf den neuen Wert ($p_x$; "20 dB pro Zehnerpotenz"; $L = 20 \log p_x/p_o$). Im Zusammenhang mit den AEP werden zwei Skalierungen verwendet. Zum einen geht man von einem Schalldruck von 2 x 10 bar als Nullpunkt aus, was der mittleren Hörschwelle gesunder Jugendlicher entspricht (0 dB HL; HL: hearing level). Zum anderen nimmt man die Klick-Hörschwelle des jeweiligen Probanden als Nullpunkt (0 dB SL; SL: sensitivity level).

Praktisch geht man so vor, daß man zunächst die Klick-Hörschwelle des Patienten, für jedes Ohr getrennt, mit Bezug auf die HL-Skala ermittelt. Zu diesem Wert werden dann 75 (oder 80) dB hinzugezählt, so daß man immer mit 75 dB SL reizt. Dadurch gleicht man annähernd die interindividuellen Unterschiede in der Schalleitung im Mittelohr und der mechanoelektrischen Umsetzung in der Cochlea aus, so daß bei jedem Probanden am Anfang der Hörbahn in etwa die gleiche Aktivität ansteht. Kleinere Schäden im späteren Verlauf der Hörbahn führen kaum zu einer Herabsetzung der subjektiven Lautheit. Bei 70 - 80 dB SL wird gewöhnlich eine optimale Ausprägung der FAEP erzielt. Eine weitere Erhöhung des Schalldrucks bringt kaum bessere Potentiale, wohl aber mehr Artefakte.

Der Bereich möglicher Schalldruckpegel ist nach oben hin durch Artefakte und durch Übersprechen auf das andere Ohr begrenzt. Diese Grenze liegt zumeist um 100 dB HL. Somit ist auch die Möglichkeit begrenzt, Störungen im Mittel- und/oder Innenohr durch eine entsprechende Anhebung des Schalldrucks auszugleichen. Wenn zum Beispiel die obere Schalldruckgrenze 105 dB HL und die verwendete Reizintensität 75 dB SL beträgt, so stehen nur 30 dB zum Ausgleich einer "peripheren" Hörstörung zur Verfügung. Liegt die Klick-Hörschwelle über 30 dB HL, geht dies zu Lasten der effektiven Reizintensität (s.u.). Zusätzlich zur verwendeten Reizstärke in dB SL geben wir daher auf dem Befundbogen oben in Klammern auch die Klick-Hörschwelle an. Die Summe beider Zahlen entspricht der Reizintensität auf der HL-Skala (z.B. 75 dB SL (+15) entspricht 90 dB HL). Im Falle einer Reizung mit 55 dB SL (+50) heißt dies, daß die Standardreizintensität von 75 dB SL wegen der 50 dB-Hörstörung, einerseits, und der technisch bedingten oberen Begrenzung bei 105 dB HL, andererseits, nicht eingehalten werden konnte. Bei der resultierenden effektiven Reizintensität von 55 dB können die Latenzen der Wellen nur dann verwertet werden, wenn auch entsprechende Normwerte für diese Reizintensität vorliegen (solche Normwerte werden z.B. auch für die Bestimmung der objektiven Hörschwelle anhand der Welle V benötigt; s. 4.4).

Die *Reizfrequenz* (Impulsrate) soll einerseits hoch genug sein, um die Untersuchung relativ schnell abwickeln zu können, andererseits ist zu beachten, daß bei schneller Reizabfolge die FAEP-Potentiale nicht durch AEP-Potentiale später Latenz beeinträchtigt werden. Zumeist wird für die Reizfrequenz ein Wert um 10 Hz gewählt. Günstig ist ein nicht ganzzahliges Verhältnis zur Frequenz der Netzspannung (zu 50 Hz; z.B. 11,9 Hz). Dies ermöglicht, daß sich Einstreuungen von Seite der Netzspannung ("Brumm") weitgehend herausmitteln.

Die *Anzahl der Reize* pro Mittelungskurve (n) sollte 1000 - 2000 betragen. Diese Zahl ist recht hoch, da das AEP-Signal im Verhältnis zum spontanen EEG und zu den unerwünschten Potentialschwankungen anderer Genese (Verstärker- und Elektrodenrauschen, Einstreuung von EMG und Netzspannung) sehr klein ist. Eine noch größere Anzahl von Reizen bringt keine wesentliche Verbesserung dieses Signal-Rauschverhältnisses mehr, da nicht *n* sondern die *Wurzel von n* in das Verhältnis eingeht (z.B. müßte man 4000 statt 1000 Reize nehmen, um einen bereits ausreichenden Signal-Rauschabstand nochmals zu verdoppeln). Vorschläge für die Wahl der Reizparameter finden sich in Tabelle 1.

**Tabelle 1:** *Vorschläge für die Wahl der Reiz- und Ableitungsparameter*

Reizung:  "Klick" (Rechteck)
Dauer:    100 s
Stärke:   75 (70 - 80) dB SL
Frequenz: 11.9 /s
Anzahl:   1400 (1000 - 2000)

Ableitung:           ipsilateral zum Reiz
                     $C_z$ = pos., $M_{ipsilat.}$ = neg.
                     $M_{kontralat.}$ = Masse
Empfindlichkeit:     20 µV
Filter/Hochpaß:      150 Hz (100 - 200)
Filter/Tiefpaß:      3000 Hz (3000 - 8000)
Zeitbasis:           1 ms pro Skaleneinheit
                     (Gesamtdauer 10 ms)

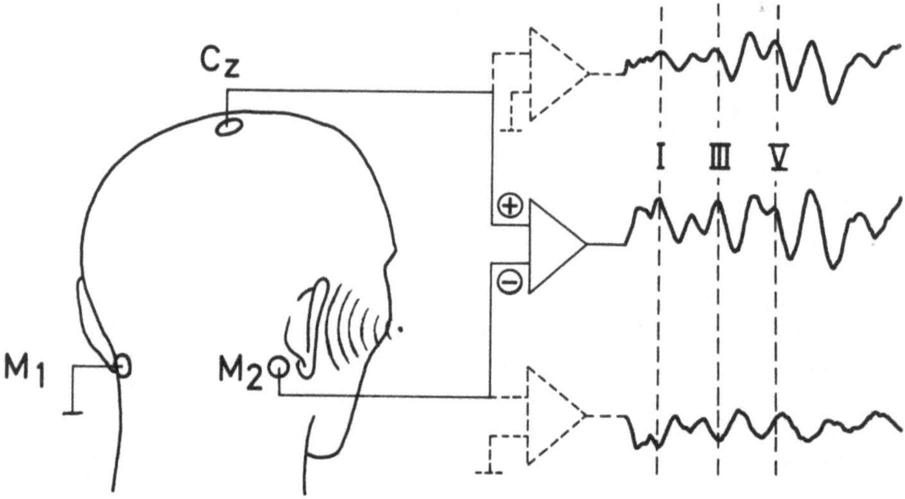

**Abbildung 5:** *Prinzip der bipolaren Ableitung (Erklärung im Text).*

## 4.3.3 Verstärker, Filter

Verwendet werden *Differenzverstärker*, die die Spannungsdifferenz zwischen den Elektroden Cz und M messen. Keine dieser beiden Elektroden ist "indifferent", sondern sie leisten beide einen Beitrag zur Potentialkurve. Dies wird anhand von Abbildung 5 verdeutlicht. Gezeigt sind einerseits die Potentialkurven bei unipolarer Ableitung von Cz sowie von M, andererseits die resultierende FAEP-Kurve bei gleichzeitiger Differenzmessung von beiden Ableitungspunkten.

Da das im EEG enthaltene FAEP-Signal klein im Vergleich zur Hintergrundaktivität ist, muß die Verstärkung möglichst hoch eingestellt werden (vgl. Tab. 1). Bei den handelsüblichen Verstärkern ist dies gewöhnlich möglich. Zu achten ist ferner auf die folgenden Anforderungen: (1) Ausreichend hoher Eingangswiderstand ($<$ 10 MOhm); dieser soll einige Zehnerpotenzen höher liegen als der Elektrodenwiderstand. (2) Eine gute Gleichtaktunterdrückung ($<$ 100 dB); durch sie wird erreicht, daß Artefakte, die mit gleicher Polarität und Amplitude gleichzeitig an beiden Verstärkereingängen anstehen (z.b. der Netz-"Brumm"), sich gegenseitig auslöschen. (3) Ein geringes Rauschen; es geht mit in das Signal-Rauschverhältnis (s.u.) ein. (4) Eine Schutzisolation gegenüber der Netzspannung.

Die *Filter* haben die Aufgabe, möglichst nur die Frequenzen passieren zu lassen, die normalerweise in den FAEP enthalten sind (etwa 100 - 3000 Hz), und die übrigen zu eliminieren. Dazu verwendet man einerseits ein Tiefpaßfilter, das die Frequenzen unterhalb der Filtergrenzfrequenz beläßt und diejenigen oberhalb davon abschneidet. Andererseits schneidet man mit einem Hochpaßfilter die sehr tiefen Frequenzen ab, so daß letztlich eine sog. Bandpass-Übertragung für den gewünschten Frequenzbereich erreicht wird. Vorschläge für die Filtereinstellungen können der Tabelle 1 entnommen werden.

Für die FAEP-Ableitung ist auch eine *Artefakt-Unterdrückung* notwendig; sie wurde in Abbildung 5 aus Gründen der Vereinfachung fortgelassen. Das Arbeitsprinzip besteht darin, das abgeleitete EEG auf Spannungsspitzen zu überprüfen, die einen eingestellten Wert überschreiten. Ist dies der Fall, so wird der Kurvenabschnitt verworfen, d.h. er geht nicht in die Mittelung ein. So werden zum Beispiel Muskel- und Bewegungsartefakte, deren Amplitude das FAEP-Signal um das 1000-fache übersteigen kann, eliminiert. Bei manchen Geräten wird das Ansprechen der Artefaktunterdrückung angezeigt. Ist dies während einer Ableitung sehr häufig der Fall, so sollte nach den o.g. Fehlermöglichkeiten gesucht werden.

### *4.3.4 Mittelwertbildung*

Der Vorgang der *Mittelwertbildung* ist in Abbildung 6 dargestellt. Aus dem abgeleiteten EEG werden, jeweils mit dem Reiz beginnend, Kurvenstücke einer bestimmten Länge herausgeschnitten (Abb. 6 Aa). Diese Kurvenstücke werden in einem Speicher nacheinander aufsummiert (Ab). Reizabhängige Potentialanteile treten immer an der gleichen Stelle auf und addieren sich. Dies ergibt nach 1000 Durchläufen die Potentialkurve der FAEP. Nicht reizsynchrone Potentiale löschen sich im Mittel gegenseitig aus. Teil B der Abbildung gibt dies schematisch wieder. Ein kleines Rechteck überlagert eine große Sinusschwingung. Die Mittelung erfolgt synchron zum Rechteck, das sich bei der Mittelung aufaddiert. Dagegen sind die Sinuskurven von Schritt zu Schritt um jeweils 90 Grad in der Phase verschoben und löschen sich gegenseitig aus (z.B. die Kurven 1 und 3 sowie 2 und 4).

Erstrebt wird ein gutes *Signal-Rauschverhältnis*. Damit ist das Amplitudenverhältnis zwischen den FAEP-Wellen (das zu untersuchende Signal S) und der Hintergrundaktivität (das uner-

---

*Abbildung 6: Mittelwertbildung. Vereinfachte Darstellung. **Aa** EEG-Kurven mit Angabe der Reize (Nummern) und Markierung der für die Mittelung entnommenen Kurvenabschnitte (Striche). **Ab** Vergrößerte Darstellung dieser Kurvenabschnitte. Durch Summenbildung werden die FAEP-Wellen aufgedeckt, die in den Einzelabschnitten durch das spontane EEG maskiert sind. **B** Schematisierte Darstellung der Mittelwertbildung. Mittelung über kleine reizsynchrone Rechtecke, die von großen nicht reizsynchronen Sinuswellen überlagert sind. Weitere Rechenschritte des Computers sind hier nicht berücksichtigt.*

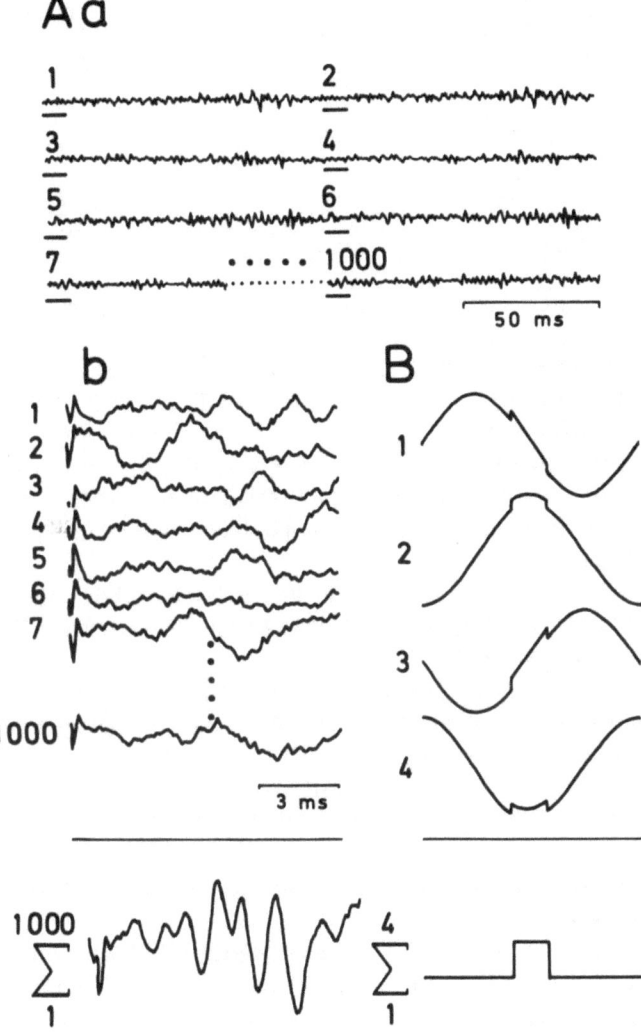

wünschte Rauschen "R") gemeint. Es wird bestimmt durch (1) das Signal-Rauschverhalten im Ausgangsmaterial (S'/R') und (2) der Wurzel aus der Anzahl der Mittelungsschritte (n; S/R = S'/R' n).

### 4.3.5 Untersuchungsablauf

Eine größtmögliche Standardisierung der Ableitung wird bei Geräten erreicht, die mittels Computerprogramm jeden Untersuchungsschritt und jede Geräteeinstellung selbst vornehmen oder dem Benutzer vorschreiben. Dabei stehen Computer und Benutzer miteinander im Dialog. Anhand eines solchen Programmdialogs, der auf dem "Pathfinder" der Firma Nicolet erstellt wurde, soll der Untersuchungsablauf im Zusammenhang geschildert werden.

HIER IST DAS FAEP-STANDARDPROGRAMM / LADE PAPIER IN DEN PLOTTER / GEBE DIE PERSONALDATEN EIN

(Name, Alter, Geschlecht, laufende Nummer, Datum, Einweisungsdiagnose, Einweisender)

BESTIMME KLICK-HÖRSCHWELLE LINKES OHR (REIZUNG 75 dB SL + XX) / KONTROLLIERE: CZ: POSITIV, M1: NEGATIV, M2: MASSE

(Reiz- u. Ableiteparameter werden vom Programm eingestellt; das li. Ohr wird zweimal mit 1400 Durchläufen gereizt; die Potentialkurven werden gemittelt und dann in getrennten Speichern abgelegt)

BESTIMME KLICK-HÖRSCHWELLE RE. OHR (REIZUNG 75 dB SL + YY) / KONTROLLIERE: CZ: POSITIV, M2: NEGATIV, M1: MASSE

(Reizung und Ableitung wie oben, nun für das re. Ohr; die Kurven werden, getrennt für jedes Ohr, übereinander gelegt und auf dem Bildschirm dargestellt)

SIND DIE KURVEN AUSREICHEND REPRODUZIERT? / SOLL EINE KURVE WIEDERHOLT WERDEN? / WELCHE?

(schließlich wird für jede Seite zusätzlich das Mittel der beiden Einzelkurven dargestellt)

KURVEN GLÄTTEN? / STELLE DEN CURSOR AUF DIE WELLENGIPFEL I, III, UND V EIN UND BETÄTIGE

DIE TASTEN 1 - 3 (LI. OHR) UND 4 - 6 (RE. OHR)
(Latenzen und Latenzdifferenzen werden bestimmt und dargestellt)
ABSPEICHERN? / PLOTTEN? / ENDE.

### 4.3.6 Normwerte

Kleinere Modifikationen in der Untersuchungstechnik können bei den FAEP zu Latenzverschiebungen bis zu 0.5 ms führen. Solche Unterschiede können darüber entscheiden, ob ein Befund noch als regelrecht oder bereits als pathologisch gewertet wird. Es ist daher zu fordern, daß jedes Labor eigene Normwerte erstellt, und die einmal etablierte Untersuchungstechnik unverändert beibehält.

Beim Erwachsenen erübrigt es sich, für bestimmte Altersgruppen spezielle Normwerte zu erstellen. Die Latenzen der FAEP variieren über den Altersbereich von Adoleszenz bis zum Senium, zwischen den Geschlechtern und in Abhängigkeit von der Körpertemperatur (Ausnahme: deutliche Unterkühlung) nicht oder nur minimal. Dies sollte aber nicht dazu verführen, die Befunde von älteren Männern mit Durchblutungsstörungen und leichter Herabsetzung der Körpertemperatur auf Normwerte zu beziehen, die bei jungen Krankenschwestern erhoben wurden, deren Körpertemperatur möglicherweise nach Eisprung etwas heraufgesetzt ist.

Die Altersverteilung des Normalkollektivs sollte möglichst breit und die Geschlechtsverteilung annähernd ausgeglichen sein (vgl. Abb. 7, Einschub). Es empfiehlt sich, die Latenzwerte graphisch aufzutragen und, außer dem Mittelwert, die Bereiche der 2-, 2.5- und 3-fachen Standardabweichung (SA) einzutragen. Derjenige Bereich, der die Latenzverteilung am besten beschreibt, sollte für die Festlegung der oberen Normgrenze herangezogen werden. Die in Abbildung 7 angegebenen oberen Normgrenzen beziehen sich auf den Bereich der 2-fachen SA. Zwar lagen bei zwei Personen einzelne Werte oberhalb dieser Grenze, die dazu gehörenden Latenzdifferenzen lagen jedoch im Bereich der Norm, so daß letztlich keine Kurve aus diesem Normalkollektiv als pathologisch zu befunden war. Gelegentlich wird empfohlen, die obere Normgrenze beim 2.5-fachen der Standardabweichung festzulegen. Diese

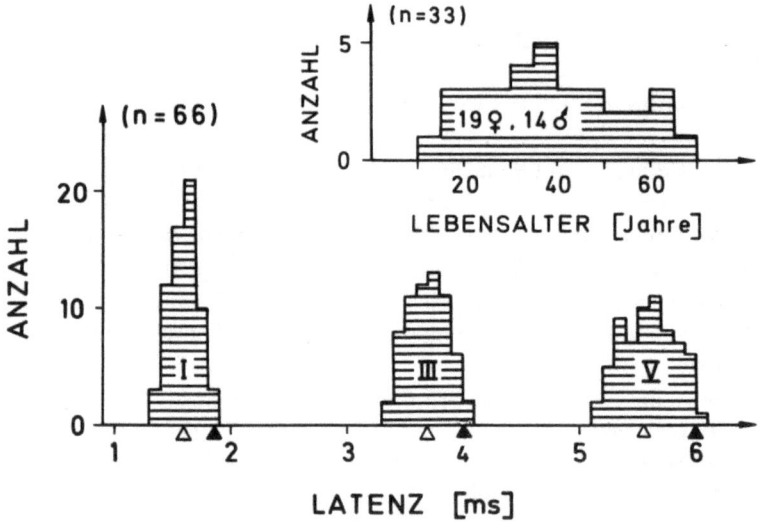

**Abbildung 7:** Latenzverteilung der Wellen I, III und V eines Normalkollektivs als Häufigkeitshistogramm. Offene Dreiecke: Mittelwerte; schwarze Dreiecke: obere Normgrenzen (2 x Standardabweichung). Altersverteilung der untersuchten Personen im Einschub oben rechts.

Empfehlung ist auf dem Hintergrund sehr unterschiedlicher technischer Voraussetzungen in den einzelnen Labors zu sehen. Detaillierte Normwerttabellen finden sich bei Maurer et al. (1982). Die folgende Aufstellung soll einen abgekürzten Überblick über die Schwankungsbreite der in der Literatur berichteten Normwerte geben, wobei Mittelwerte und obere Normgrenzen (2-fache SA) aufgeführt werden. Berücksichtigt sind nur Angaben, die bei Reizstärken von 70 - 80 dB SL erhoben wurden; unberücksichtigt bleiben aber geringe technische Detailunterschiede.

| Welle | Latenz, Mittelwert (ms) | obere Normgrenze (ms) |
|---|---|---|
| I | 1.4 - 2.0 | 1.8 - 2.3 |
| II | 2.6 - 3.2 | 2.9 - 3.7 |
| III | 3.6 - 4.1 | 3.9 - 4.5 |
| IV | 4.6 - 5.4 | 5.0 - 6.0 |
| V | 5.4 - 6.0 | 5.8 - 6.5 |

| Latenzdifferenz | Mittelwert (ms) | obere Normgrenze (ms) |
|---|---|---|
| III - I | 2.1 - 2.3 | 2.3 - 2.6 |
| V - I | 3.9 - 4.2 | 4.3 - 4.5 |
| V - III | 1.8 - 2.0 | 2.1 - 2.7 |

Als Grenze der interauralen Latenzdifferenz der Welle V werden Werte von 0.3 - 0.5 ms angegeben.

In den ersten drei Lebensjahren sind die Latenzen der FAEP länger und die Amplituden kleiner, so daß für diese Kinder spezielle Normkurven zu erstellen sind. Da sie die Hörschwelle nicht angeben können, ist ein Untersuchungsverfahren wie unter 4.4 (s. u.) zu wählen. Es sollten spezielle Kopfhörer verwendet werden, da sonst die Gefahr groß ist, daß der äußere Gehörgang zusammengepresst wird. Bei älteren Kindern unterscheiden sich Latenzen und Amplituden nicht mehr wesentlich von denen der Erwachsenen.

### 4.3.7 Befund und Beurteilung

Voraussetzung für die Verwertbarkeit der Potentialkurven ist, daß sie reproduzierbar sind. Deshalb wird jede Kurve doppelt erstellt und im Zweifelsfall noch ein zusätzliches Mal wiederholt. Im *Befund* sind Angaben zur Reproduzierbarkeit voranzustellen. In den Beispielen der Abbildung 8 würde sie im Teil A als gut und in B als ausreichend bezeichnet werden. Gelegentlich können nur einzelne Wellen als reproduziert angegeben werden (Teil C). Würde nur die Summe der beiden Mittelungskurven betrachtet, so könn-

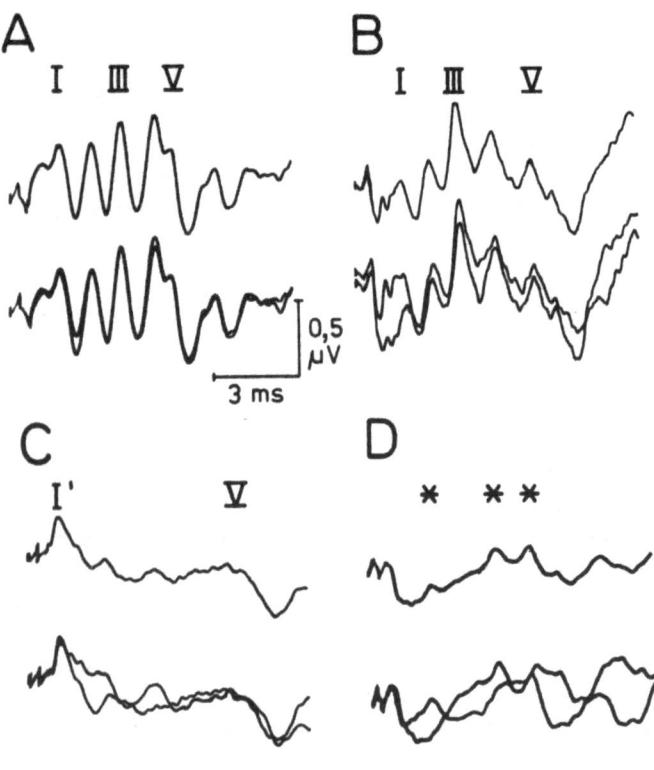

**Abbildung 8:** Prüfung auf Reproduzierbarkeit der Potentialkurven. Unten jeweils zwei übereinander gelegte Mittelungskurven, darüber das Mittel aus beiden. **A** Sehr gut reproduzierte FAEP-Kurven einer Normalperson. **B** Ausreichende Reproduzierbarkeit (Patientin mit MS). **C** Nur die Wellen I und V sind reproduziert (Patient mit Akustikusneurinom). **D** Die positiven Gipfel (markiert durch Sternchen) sind Zufallsprodukte.

ten auch solche Potentialschwankungen fälschlicherweise als FAEP-Wellen gedeutet werden, die bei Betrachtung der beiden Einzelkurven sofort als zufällige Schwankungen ins Auge fallen (Teil D).

Als nächstes sind Ausprägung und Latenz der Wellen anzugeben. Ein kurzer Befund bei unauffälligen Kurven könnte lauten: "Potentialkurven bds. gut reproduziert. Latenzen der Wellen I, III und V bds. im Normbereich. Amplituden regelrecht." Im Falle von pathologischen Befunden ist zunächst auf die Welle I und, ausgehend davon, auf die Verwertbarkeit der übrigen Wellen einzugehen. Weitere Details der Befundung können den Kapiteln 4.1 und 4.2 entnommen werden.

In der *Beurteilung* werden aufgrund des Befundes Rückschlüsse auf Läsionen der Hörbahn im Bereich Hörnerv/Hirnstamm gezogen. Auf die Ursache kann nur im Zusammenhang mit einer bereits gestellten Verdachtsdiagnose eingegangen werden. Bei einseitigem und alleinigem Ausfall der Welle V könnte die Beurteilung zum Beispiel lauten: "Hinweis auf linksseitige Läsion der Hörbahn im Bereich obere Brücke/Übergang Mittelhirn. Befund mit der Verdachtsdiagnose einer Encephalomyelitis disseminata vereinbar." Man wird sich damit abfinden müssen, bei manchen Patienten, insbesondere bei denjenigen mit stärkeren "peripheren" Hörstörungen, aufgrund der Routineuntersuchung keine endgültige Beurteilung bezüglich der Hörbahn abgeben zu können.

Das Befundblatt sollte außer den Patientendaten, der Einweisungsdiagnose, dem Namen des überweisenden Arztes sowie dem Befund und der Beurteilung möglichst auch die Originalkurven umfassen. Die zusätzliche graphische Darstellung der Latenzen ermöglicht dem Überweisenden, sich einen schnellen Überblick zu verschaffen, ohne die Latenzen einzeln mit den Normwerten vergleichen zu müssen. Abbildung 9 zeigt Beispiele für eine solche graphische Darstellung. Der Betrachter kann sich orientieren, ab welcher Welle die Latenzen verlängert sind und welche Seite bevorzugt betroffen ist.

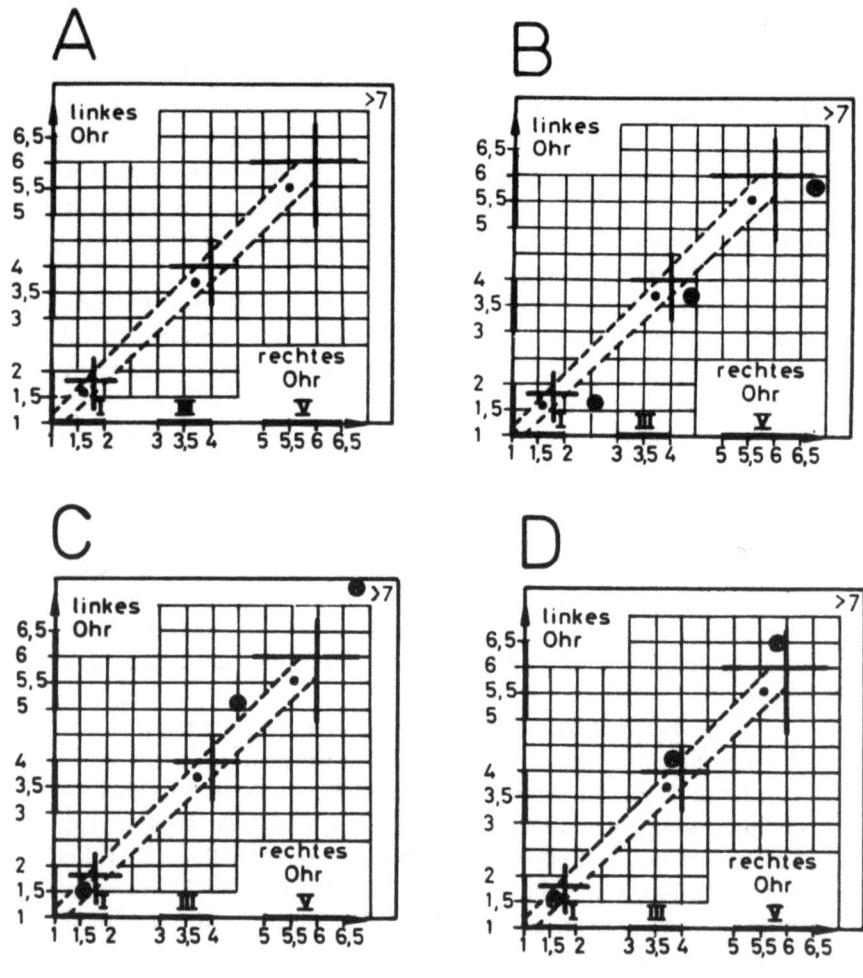

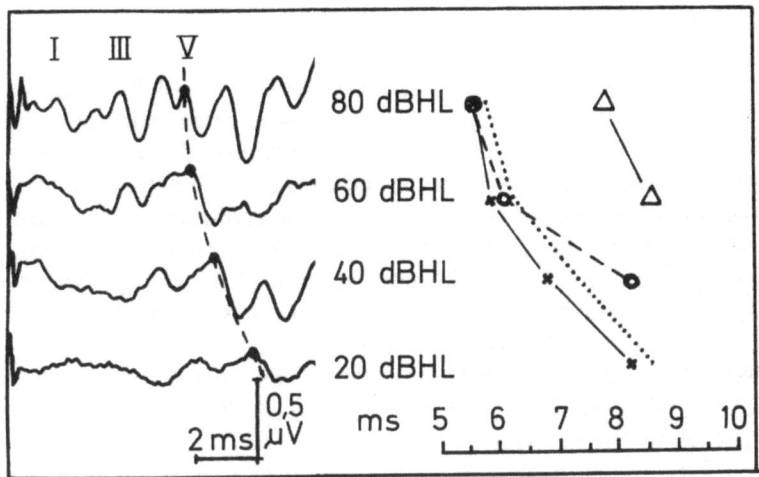

**Abbildung 10:** Bestimmung der Hörschwelle anhand der Welle V. Zum einen kann man sich nach der Ausprägung (Amplitude) der Welle V richten (links), zum anderen nach ihrer Latenz (rechts). Die Latenzen sind rechts auf gespreizter Zeitskala als Funktion der Reizintensität aufgetragen (Kreuze). Sie liegen innerhalb der Normgrenze gesunder Probanden (gepunktete Kurve). Kreise: Werte eines Patienten mit cochleärer Hörstörung; Dreiecke: Werte eines Patienten mit schwerer Schalleitungsstörung. Diese Methode ist insbesondere bei Patienten geeignet, die die subjektive Hörschwelle nicht angeben können (z.B. Kleinkinder).

---

**Abbildung 9:** Auswertediagramm für die Latenzen der Wellen I, III und V. **A** Das Diagramm stellt die linksseitigen (Ordinate) den rechtsseitigen (Abszisse) Latenzen gegenüber, so daß interaurale Unterschiede deutlich werden. Zeitraster vergröbert dargestellt. Punkte im Bereich der 45-Grad-Linie: Mittelwerte; dicke Striche im Raster: obere Normgrenzen; offener Streifen: Normbereich der interauralen Latenzdifferenzen. **B** Befund bei Akustikusneurinom rechts; "Latenzsprung" ab Welle I. **C** Befund bei MS; Latenzverlängerung ab Welle III bds., links > rechts. **D** Befund bei Kleinhirnbrückenwinkel-Tumor links; Latenzsprung ab Welle III nur links.

## 4.4 Bestimmung der Hörschwelle

Bei Senkung der Reizstärke unter 20 - 30 dB SL sind die Wellen I - IV zumeist nicht mehr nachweisbar. Hingegen bleibt die Welle V bis in den Bereich der Hörschwelle reproduzierbar erhalten. Dies kann man sich für eine "objektive Audiometrie" zunutze machen. Man geht so vor, daß man sich zunächst mit deutlich überschwelligen Reizen die Welle V darstellt und sich vergewissert, daß keine retrocochleäre Störung (zentrale Schädigung) vorliegt. Dann wird der Schalldruck in Schritten von 10 oder 20 dB gesenkt, bis die Welle V nicht mehr nachweisbar ist. Dieser Wert ist gewöhnlich ein grobes Maß (± 20 dB) für die Hörschwelle im Frequenzbereich von 1000 - 4000 Hz (in diesem Bereich enthält der Klick die meiste Energie).

Bei der Reduzierung der Reizstärke kommt es außer zu einer Amplitudenabnahme der Welle V auch zu einer Zunahme ihrer Latenz. Diese Latenzverschiebung eignet sich dazu, eine quantitative Beziehung zwischen Reizstärke und Potentialantwort herzustellen. Abbildung 10 gibt dafür ein Beispiel. Zunächst wurde die Latenz der Welle V bei verschiedenen Schalldrucken bestimmt (links). Anschließend wurden diese Werte auf ein Formblatt mit gespreizter Zeitskala als Funktion der Reizstärke (hier Ordinate) aufgetragen (rechts). Die gezeigten Werte (Kreuze) liegen unterhalb (innerhalb) der oberen Normgrenze für gesunde Kontrollpersonen (gepunktet); es handelt sich also um einen Normalbefund. Bei Patienten mit einer cochleären Hörstörung findet man typischerweise, daß die Latenzen bei niedrigen Reizstärken oberhalb (außerhalb) der Normgrenze liegen und mit zunehmender Reizstärke abrupt in den Normbereich springen (Kreise). Dies ist dem Recruitment bei der Audiometrie vergleichbar. Bei Patienten mit Schalleitungsstörung bleiben die Werte typischerweise außerhalb der Normgrenze (Dreiecke). Eine leichte Linksverschiebung bei höheren Reizstärken kann auf eine Kombination von cochleärer und Schalleitungsstörung hinweisen.

Die Welle V bleibt auch bei hohen Reizfrequenzen recht gut erhalten. Dies kann man sich evtl. dadurch zunutze machen, daß man die Reizfrequenz auf das Doppelte des üblichen anhebt (20 Hz oder mehr), was die Untersuchungsdauer abkürzt. Gelegentlich empfiehlt es sich, das kontralaterale Ohr mit Rauschen zu vertäuben. Damit soll vermieden werden, daß bei den hohen Schalldrucken, die man bei schwer hörgeschädigten Patienten zumeist verwenden muß, das kontralaterale Gehör miterregt wird ("Übersprechen"). Als Voraussetzung für die Verwertbarkeit derartiger Befunde gilt allgemein, daß die Welle V bei jeder Reizstärke erfolgreich reproduziert wurde. Bei muskulär verspannten Patienten ist entweder eine hohe Anzahl von Reizen (4000 und mehr) oder eine Sedierung notwendig. Bei Kleinkindern ist insbesondere darauf zu achten, daß der äußere Gehörgang durch den Kopfhörer nicht zugepreßt wird.

Bei klinischer Anwendung dieser Methode sind anhand gesunder Kontrollpersonen zunächst wieder die oberen Normgrenzen zu bestimmen (s.o.). Die Indikation zur Anwendung dieser ausgefallenen Art von Hörschwellenbestimmung ist in der Neurologie des Erwachsenen eher selten zu stellen. Gewöhnlich sind die konventionellen audiometrischen Untersuchungen vorzuziehen, schon allein wegen des großen zeitlichen Aufwands der FAEP-Ableitung. Die Methode kommt zumeist bei Kleinkindern (z.B. zur Verlaufskontrolle bei Meningitis) und bei Sprachverständnisproblemen zum Einsatz.

## 4.5 Pathologische Befunde

Die Mehrzahl der Patienten, bei denen ein FAEP angefordert wird, kommt wegen Hörstörungen zum Arzt. Mit dem FAEP soll zumeist geklärt werden, ob ein retrocochleärer Prozeß vorliegt. Dafür kommen so gut wie nur Prozesse im Bereich des Kleinhirnbrückenwinkels und des Hörnerveneintritts in den Hirnstamm in Frage. Höher liegende Prozesse führen wegen der Kreuzungen der Hörbahn gewöhnlich nicht zu subjektiven Hörstörungen. Prozesse im Kleinhirnbrückenwinkel-Bereich sind aber, in absoluten Zahlen, selten. Entsprechend häufig wird man mit "negativen" Befunden konfrontiert, d.h. es handelt sich zumeist doch um periphere Hörschäden. Die Qualität der Kurven ist in solchen Fällen oft unbefriedigend; gelegentlich kann man nicht einmal eine endgültige Aussage zugunsten der einen oder anderen Diagnose machen.

Bei diesen peripheren Hörschäden handelt es sich zumeist um cochleäre Störungen, da Schalleitungsstörungen mit den üblichen audiometrischen Mitteln ausreichend gut erfaßt werden können. Die Unterscheidung zwischen cochleären und retrocochleären Störungen kann aber auch anhand der FAEP problematisch sein. Daher werden im folgenden Kapitel (4.5.1) zunächst einige FAEP-Veränderungen bei cochleärer Hörstörung besprochen.

Relativ hoch ist die "Trefferquote" der FAEP-Untersuchung bei Patienten mit Encephalomyelitis disseminata (Multiple Sklerose; MS). Hier dient die Untersuchung zumeist nicht der Klärung einer Hörstörung (von den Patienten selten spontan geklagt, gelegentlich aber auf Nachfrage angegeben), sondern es geht um die Frage der Polytopie, d.h. es wird nach einer fraglichen oder klinisch latenten Mitbeteiligung des Hirnstamms am Krankheitsprozeß gefahndet. Bei anderen Krankheitsbildern kann ein Hirnstammprozeß vielleicht bereits erkannt sein, das Ziel der FAEP-Ableitung aber darin bestehen, die Krankheit objektiv zu beurteilen und den Verlauf zu dokumentieren.

Auf zwei Punkte sei noch besonders hingewiesen. Zum einen gibt es keine AEP-Veränderungen, die für bestimmte Krankheitsbilder spezifisch sind. Es kann nur ausgesagt werden, daß die Hörbahn in einem bestimmten Abschnitt lädiert ist. Die Art der Läsion bleibt offen. Zum anderen schließt ein regelrechter Befund eine Teilschädigung der Hörbahn nicht vollständig aus. Und es ist

---

*Abbildung 11: FAEP bei cochleären Hörstörungen. A Ausgeprägte Mikrophonpotentiale bei hoher Reizintensität und Verwendung von Sogpulsen; Welle I nicht abgrenzbar, Wellen III und V mit regelrechter Latenz (67 j. Pat., M. Meniere li., 75 B SL + 30). B Ähnlich wie in A, aber Welle III nicht sicher identifizierbar, Latenz der Welle V verlängert (55 j. Pat., M. Menière re., 75 dB SL + 30). C Welle I "verzögert", sämtliche Latenzen verlängert, Latenzdifferenz V - I in der Norm (42 j. Pat., Hochtonstörung re., 75 dB SL + 15). D Welle I nicht nachweisbar, Wellen III und V regelrecht (42 j. Pat., Hochtonstörung re., 65 dB SL + 40). E Keine Mikrophonpotentiale und, bis auf verzögerte Welle V links, keine FAEP bds. abgeleitet (22 j. Pat., Pyramidenfraktur bds., 85 dB HL).*

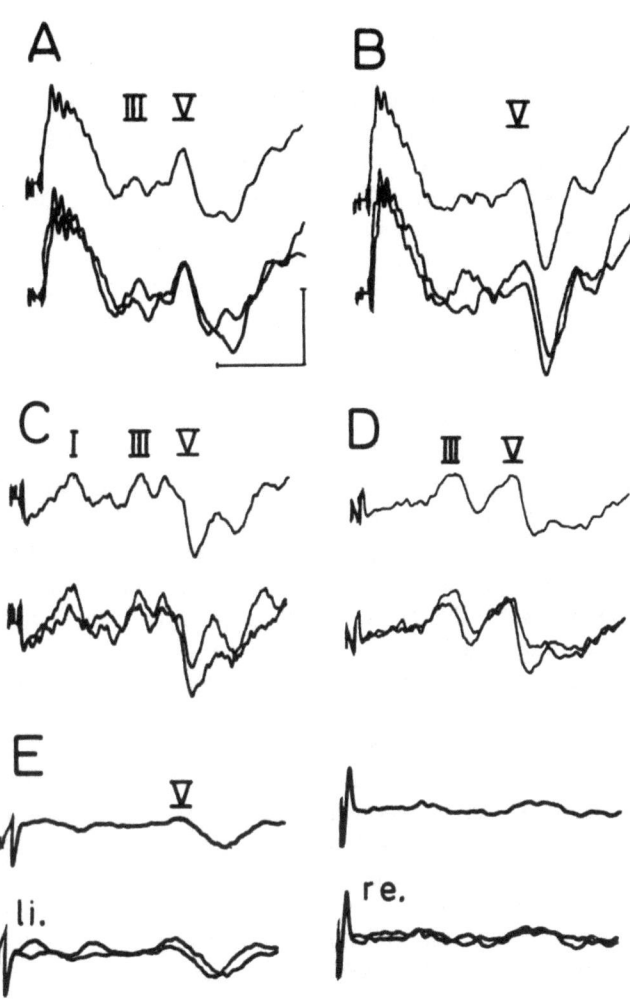

zu bedenken, daß selbst große Läsionen in Pons und Mesencephalon nicht unbedingt die Hörbahn tangieren müssen.

### 4.5.1 Cochleäre Hörstörungen

Differentialdiagnostische Schwierigkeiten könnn sich insbesondere dann ergeben, wenn die Welle I nur schwach ausgeprägt ist, gänzlich fehlt oder sich verzögert herausbildet. Als Ursache ist denkbar, daß die durch den Klick angestoßene Erregung in den Sinneszellen nicht ausreicht, um eine schnelle und synchrone Entladung der Hörnervenfasern auszulösen. Anscheinend vermag aber auch eine asynchrone Erregung der Hörnervenfasern in den nachgeschalteten Schaltstationen eine ausreichend starke Aktivität und somit ein Potential auszulösen. Nur so ist zu erklären, daß bei einem Teil der Patienten eine regelrechte Welle V ableitbar ist, auch wenn die Welle I verzögert und abgeschwächt ist. In solchen Fällen kann sich die Latenzdifferenz V - I sogar als "verkürzt" darstellen.

Dies sei anhand von Beispielen erläutert. Abbildung 11A zeigt die FAEP eines Patienten mit dem klinischen Bild eines M. Menière. Auf eine Positivierung mit deutlich ausgeprägten Mikrophonpotentialen folgt eine Negativierung, ohne daß die Welle I klar abgrenzbar wäre. Die Welle III ist schwach und die Welle V deutlich ausgeprägt. Beide Wellen haben eine normale Latenz. Ein retrocochleärer Prozeß als Ursache der Hörstörung ist damit weitgehend ausgeschlossen. Ein ähnlicher Fall ist in Abbildung 11B dargestellt (ebenfalls ein Patient mit M. Menière). In diesem Fall ist die Welle III nicht identifizierbar und die Latenz der Welle V etwas verlängert. Diese Verzögerung der Welle V hat zwar in der cochleären Hörstörung ihre wahrscheinlichste Ursache, dennoch kann ein zusätzlicher retrocochleärer Prozeß nicht vollständig ausgeschlossen werden. Bei Besserung des Hörbefundes erbrachte die Kontrolle jedoch einen Normalwert. In Abbildung 11C erscheint die Ausbildung der Welle I verzögert, und auch die nachfolgenden Wellen haben verlängerte Latenzen. Die Latenzdifferenzen liegen jedoch im Bereich der Norm. Der cochleäre Schaden ist somit die wahrscheinlichste Ursache für die pathologischen Latenzen. Ähnlich verhält es sich mit dem Beispiel in Abbildung 11D, wobei die Welle I vollständig fehlt.

Gelegentlich können die in den FAEP miterfaßten Mikrophonpotentiale dabei helfen, sich ein Bild über die Erregungsbildung im Innenohr zu machen (Voraussetzung: Reizung mit Sog- oder Druckpulsen). Dazu ein Beispiel in Abbildung 11E. Der Patient erlitt ein schweres Schädelhirntrauma mit Bewußtlosigkeit. Er war nachfolgend wach und schaute orientierend umher, sprach, reagierte aber nicht auf Ansprache. Ohrenspiegelung und Schädel-CT waren o.B. Die Röntgendiagnostik zeigte eine Pyramidenfraktur rechts und fraglich auch links (was später operativ bestätigt wurde). Rechts waren keinerlei FAEP-Potentiale abzuleiten, links nur eine schwach ausgeprägte und verspätete Welle V. Auf beiden Seiten waren keine Mikrophonpotentiale zu erhalten. Man kann deshalb, ungeachtet einer möglichen Läsion der Hörnerven, eine hochgradige Schädigung der beiden Gehörorgane annehmen.

*4.5.2 Prozesse im Bereich Hörnerv/Kleinhirnbrückenwinkel*

Zumeist handelt es sich um das "Akustikusneurinom", gewöhnlich ein Schwannom des Nervus vestibularis. Bei dem langsamen Wachstum des Tumors werden die vestibulären Ausfälle durch zentrale Kompensation gut aufgefangen, so daß der Schwindel meistens nicht in den Vordergrund tritt. Durch Druckläsion auf den Nervus acusticus resultieren Hörminderung und Tinnitus; diese bringen den Patienten gewöhnlich zum Arzt.

Die FAEP stellen ein gutes Hilfsmittel bei der Fahndung nach diesen Tumoren dar, da die Methode nicht invasiv und beliebig wiederholbar ist. Letztlich ergänzt sie aber nur die insgesamt notwendigen Untersuchungen: neurologischer Status (Suche nach Fazialis-, Trigeminus- und Kleinhirnbeteiligung), kalorische Spülung und Lagerungsproben unter der Frenzelbrille zur vestibulären Funktionsprüfung, Röntgenaufnahmen des Schädels und speziell der Felsenbeine, Audiometrie (Fehlen des Recruitment-Phänomens), CT des Schädels mit Kontrastmittel; bei starkem Verdacht auch Liquorentnahme (Eiweißerhöhung) und Luftmeatographie (Plazierung von Luft in den Bereich Meatus acusticus int./ Kleinhirnbrückenwinkel zur direkten Darstellung des Tumors im Schädel-CT) oder Kernspintomogramm. Zu berücksichtigen ist, daß das Wachstum zumeist von intrameatal in Richtung des Kleinhirnbrückenwinkels erfolgt. Ferner, daß Akustikusneurinome bilateral vorkommen können (Neurofibromatosis Recklinghausen). Andere Prozesse in diesem Bereich (Dermoide, Arachnoidalzysten etc.) können ähnliche FAEP-Befunde liefern. FAEP-Befunde, die pathognomonisch für das Akustikusneurinom sind, gibt es nicht. Bei kleineren Tumoren sind primär die Wellen I und II der ipsilateralen Seite betroffen (vgl. 4.1). Häufig sind sekundär auch die Welle III - V in Mitleidenschaft gezogen. Die Potentiale der kontralateralen Seite sind zumeist unauffällig. Die Abbildungen 12A und B zeigen Beispiele für FAEP bei zwei Patienten mit rechtsseitigem Akustikusneurinom. In A findet sich ipsilateral nur die Welle I und eine verzögerte Welle V; kontralateral (links) sind die FAEP regelrecht. In B sind die Wellen I, III und V gerade noch reproduzierbar, ihre Latenzen aber verlängert. Besonders auffällig ist die vergrößerte Latenzdifferenz III - I. Kontralateral fällt nur eine verlängerte Latenz der Welle V auf.

Bei großen Tumoren mit ausgeprägter Raumforderung sind ipsilateral so gut wie immer alle Potentiale verändert, zumindest ab der Welle II. Zumeist sind dann auch die kontralateralen FAEP deutlich pathologisch. Abbildung 12C zeigt dies für den Fall eines großen, linksseitigen Akustikusneurinoms. Ipsilateral sind die Mikrophonpotentiale noch deutlich ausgeprägt, die Welle I ist nicht abgrenzbar und die Welle V verzögert. Kontralateral (rechts) ist die Welle I noch regelrecht, während die nachfolgenden Wellen II - IV nicht sicher identifizierbar sind. Die Welle V ist verspätet.

*Abbildung 12:* *FAEP bei Akustikusneurinom. A Kleiner Tumor rechts. Nur Welle I und verzögerte Welle V nachweisbar. Linksseitiger Befund regelrecht (47 j. Pat.; li.: 75 dB SL + 10, re.: 75 dB SL + 30).*
*B Kleiner Tumor rechts. Verspätete und schlecht identifizierbare Welle I sowie großer Leitungssprung zwischen I und III. Linksseitige Latenz der Welle V verlängert (48 j. Pat.; li.: 75 dB SL + 0, re. 55 dB SL + 50). C Großer Tumor links. Nur Mikrophonpotentiale und verspätete Welle V nachweisbar. Rechts noch regelrechte Welle I, verspätete Welle V, Welle III nicht reproduziert (40 j. Pat.; li.: 65 dB SL + 40, re.: 75 dB SL + 15; Sogpulse).*

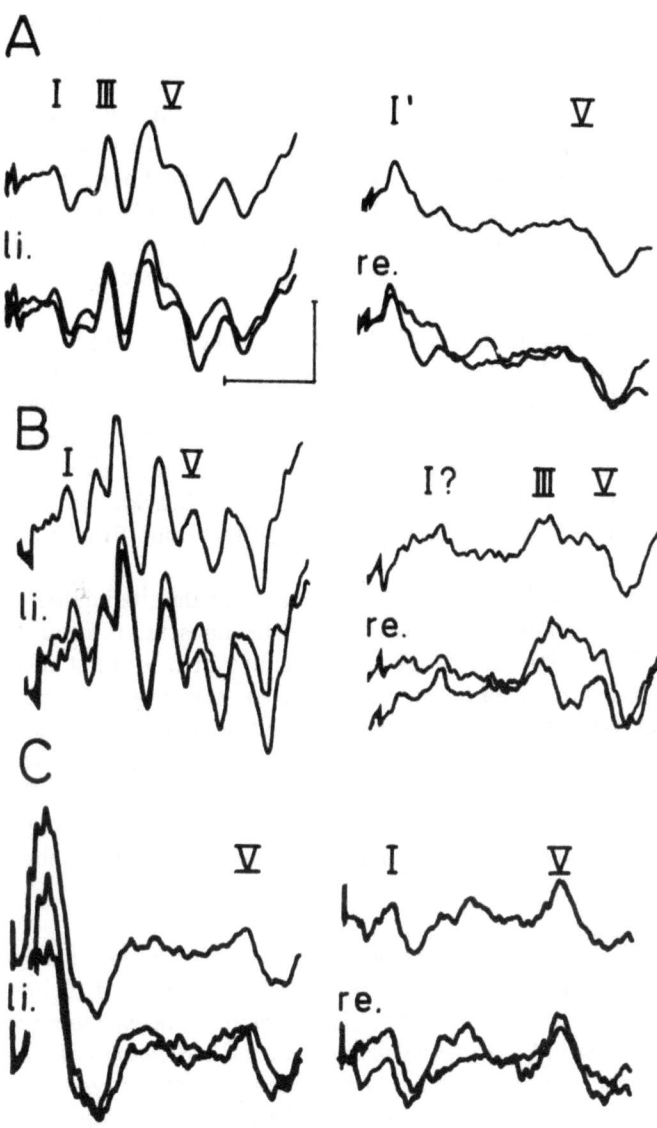

Gelegentlich können aber auch relativ große Tumoren mit nur geringen Veränderungen in den FAEP einhergehen. Abbildung 13 zeigt in A den Befund bei einem Dermoid und in B bei Arachnoidalzyste, jeweils im rechtsseitigen Kleinhirnbrückenwinkel. In beiden Fällen erfolgte die FAEP-Untersuchung nicht wegen einer Hörstörung, sondern wegen eines gerichteten (vestibulären) Schwindels. In den Potentialkurven findet sich eine Latenzverlängerung ab Welle III (Latenzdifferenz III - I vergrößert). Kontralateral ist der Befund jeweils regelrecht. Offensichtlich sind in diesen Fällen der Hörnerv und sein Kerngebiet nur wenig betroffen.

Generell gilt aber, daß die FAEP bei pathologischen Prozessen im Bereich des Kleinhirnbrückenwinkels zumeist verändert sind. Die Fälle, bei denen die FAEP trotz eines klinisch relevanten Prozesses in diesem Bereich vollständig intakt sind, stellen Raritäten dar. Studien mit größeren Fallzahlen bestätigen dies, zumindest was das Akustikusneurinom betrifft (House und Brackmann 1979, Maurer et al. 1982, Rosenhamer 1977, Selters und Brackmann 1977).

Abschließend seien noch Krankheiten erwähnt, bei denen es zwar zu einer Schädigung des unteren Hörbahnabschnitts kommen kann, die Indikation zur FAEP-Untersuchung aber zumeist nicht aufgrund von Hörstörung und Schwindel zu stellen ist. Veränderungen der Wellen I und II können zum Beispiel bei "basalen" Meningitiden, heredodegenerativen Erkrankungen, Leukodystrophien, schweren Polyneuropathien und Gefäßmißbildungen in diesem Bereich beobachtet werden. Anhand der FAEP lassen sich Aussagen über die Ausdehnung des Krankheitsprozesses und über seinen

---

*Abbildung 13: Relativ geringgradige FAEP-Veränderungen bei ausgeprägten Prozessen im Bereich der hinteren Schädelgrube. A, B Vergrößerte Latenzdifferenzen III - I bei Kleinhirnbrückenwinkeltumoren Epidermoid rechts A, Arachnoidalzyste rechts, B). Befunde links jeweils regelrecht. C Pathologischer Amplitudenquotient V/I rechts bei ausgedehntem ischämischen Substanzdefekt ventromedial im Mesencephalon (Z.n. Basilaristhrombose; "locked-in-Syndrom" mit Tetraplegie).*

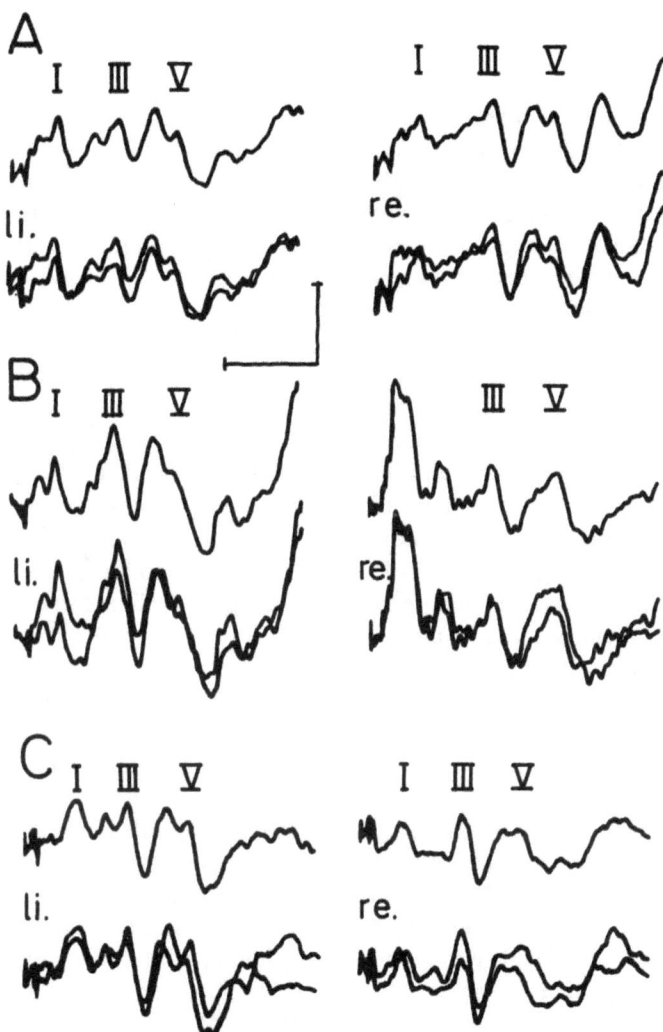

Verlauf machen. Die Kurvenbilder unterscheiden sich nicht spezifisch von den Beispielen in den Abbildungen 11D, E, 12A, B und 13 A, B.

### 4.5.3 Prozesse im Bereich Pons/Mesencephalon

Hinweise für Prozesse in diesem Bereich ergeben sich immer dann, wenn die Welle I intakt ist und bei den Wellen III - V eine Verlängerung der Latenz oder eine Verminderung der Amplitude festgestellt wird. Als Ursache kommen Entmarkungsherde bei MS, vaskulär bedingte Läsionen, Tumoren, Entzündungen und heredodegenerative Erkrankungen in Frage. Eine Artdiagnose kann aufgrund der FAEP-Befunde nicht gestellt werden. Es ist nur die Aussage möglich, daß ein Hörbahnabschnitt in einem bestimmten Hirnstammgebiet lädiert ist. Dazu sei angemerkt, daß relativ große Läsionen, insbesondere wenn sie in medialen und ventralen Gebieten der oberen Brücke liegen, auch ohne pathologische Befunde oder mit nur geringen Auffäligkeiten in den FAEP bleiben können. Dies sei anhand eines Falles demonstriert. Bei einer Patientin mit "locked-in-Syndrom" bei Basilaristhrombose bestand eine Tetraplegie. Ihre FAEP-Kurven sind in Abbildung 13C gezeigt. Auffällig war lediglich eine grenzwertige Amplitudenminderung der Welle V rechts (Quotient V/I 1).

Im folgenden werden Verlängerungen der Wellen III - V anhand von Befunden besprochen, die bei MS-Patienten erhoben wurden. Diese Befunde können durchaus auch als repräsentativ für FAEP-Veränderungen bei anderen Erkrankungen angesehen werden.

Die Häufigkeit von pathologischen FAEP-Befunden bei MS wird in der Literatur recht unterschiedlich angegeben (vgl. Maurer et al. 1982, Stöhr et al. 1982). Man kann wohl davon ausgehen, daß bei gesicherter Diagnose und mehrjährigem Verlauf in mehr als 50% der Fälle Auffälligkeiten gefunden werden. Das besondere Interesse gilt aber den Patienten, bei denen die Diagnose nur wahrscheinlich bzw. fraglich ist (s. Klassifikation der MS bei McAlpine et al. 1972). In diesen Fällen kann die FAEP-Untersuchung einen Beitrag zur Absicherung der Diagnose leisten, wenn bisher nicht bekannte (klinisch latente) Krankheitsherde aufgezeigt werden

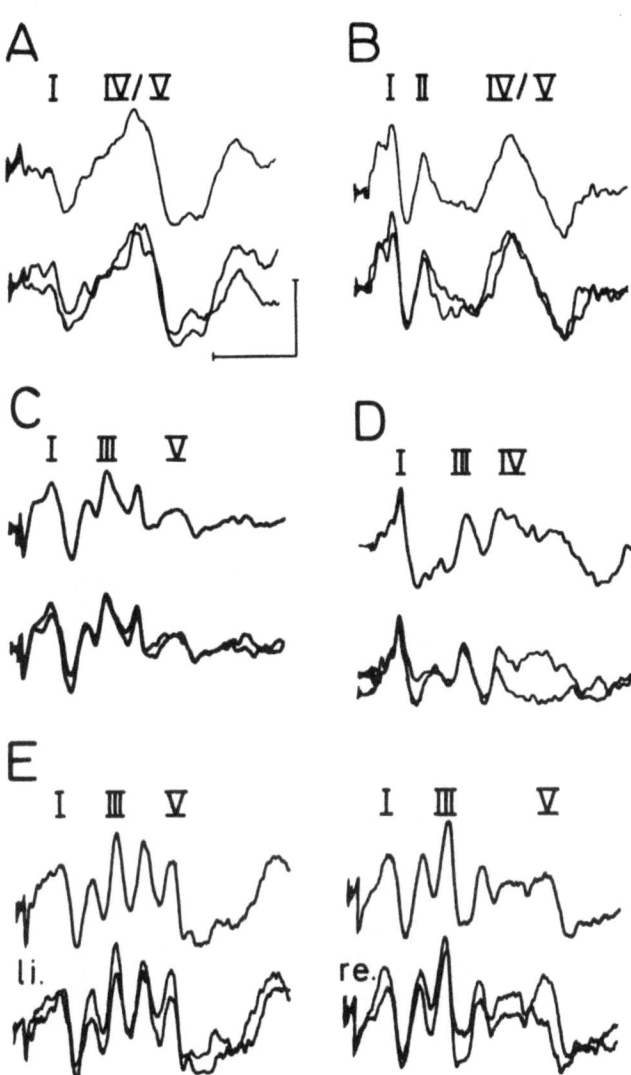

**Abbildung 14:** FAEP bei "gesicherter" MS. Beschreibung im Text.

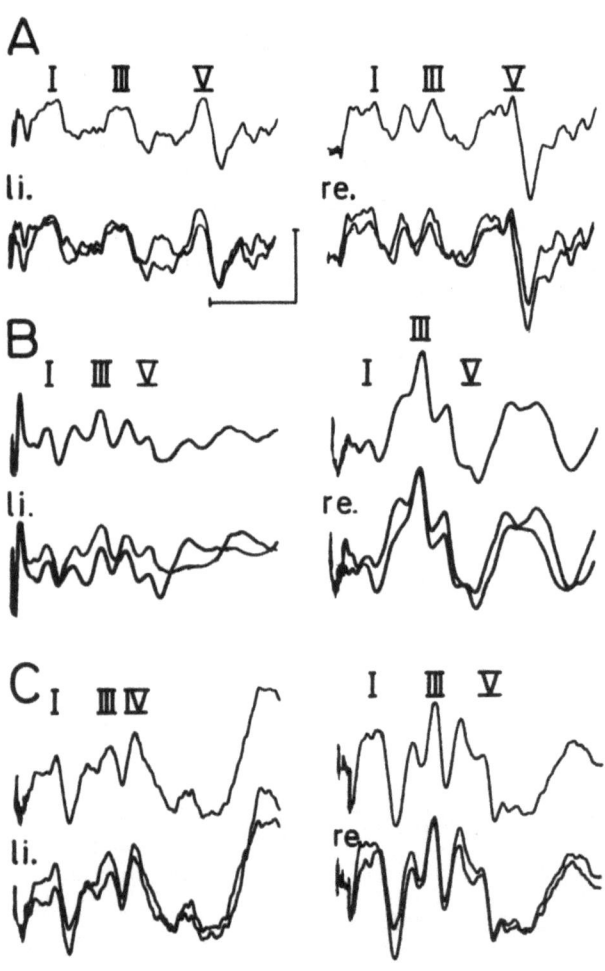

**Abbildung 15:** *FAEP bei wahrscheinlicher oder fraglicher MS.*

können und damit die Polytopie des Krankheitsgeschehens bestätigt wird. Beobachtet werden Latenzverlängerungen, Amplitudenreduktionen und/oder Ausfälle einzelner oder mehrerer Wellen sowie über die Norm hinausgehende Seitenunterschiede. In Abbildung 14 werden zunächst FAEP-Kurven von Fällen mit gesicherter MS gezeigt. Im Teil A der Abbildung sind die Wellen II und III nicht abgrenzbar, und in B ist die Welle III vollständig ausgefallen. In beiden Fällen gibt der FAEP-Befund Hinweise auf eine Schädigung im Bereich des pontinen Hörbahnabschnitts. In C ist die Welle V in der Latenz verlängert sowie in der Amplitude vermindert, und in D ist die Welle V überhaupt nicht reproduziert, was auf Schäden im Bereich obere Brücke/Mittelhirn hinweist. In den Fällen A - D fanden sich derartige Pathologika beidseits. Insbesondere bei kurzer Krankheitsdauer können aber auch nur einseitige und singuläre Schäden vorhanden sein. Im Beispiel der Abbildung 14E ist lediglich die Welle V rechtsseitig in der Latenz verlängert und in der Amplitude verkleinert.

Die Beispiele in Abbildung 15 stammen von Patienten mit wahrscheinlicher bzw. fraglicher MS. Die Kurven in A stammen von einem Patienten mit langjähriger und angeblich "rein spinaler Form" der MS. Linksseitig sind die Latenzdifferenzen III - I und V - III vergrößert, rechtsseitig die Differenz V - I, was zusammen als "supraspinales Zeichen" verwendet werden kann. In B ist, abgesehen von einem auffälligen Seitenunterschied bezüglich der Ausprägung der Welle III, der Amplitudenquotient V/I beidseits pathologisch. In C fehlt linksseitig die Welle V.

Gelegentlich werden bei der MS auch Veränderungen der Wellen I und II beobachtet, mahnen uns aber zur besonderen Vorsicht. In solchen Fällen kann eine subjektive Hörstörung vorliegen, und es ist, unabhängig von der Frage nach der MS-Diagnose, nach einem raumfordernden Prozeß im Bereich des Kleinhirnbrückenwinkels zu fahnden.

## 4.5.4 Hirntod

Die FAEP-Untersuchung kann neuerdings auch für die Dokumentation des Hirntods eingesetzt werden (Deutsches Ärzteblatt 43, 1986, S. 2940 - 2946). Den FAEP kommt dabei aber nur die Rolle einer "ergänzenden Untersuchung" zu, nachdem man die Voraussetzungen und die klinische Symptomatik für diese Diagnose festgestellt hat. Eine weitere Bedingung ist, daß in mehrfachen Untersuchungen ein schrittweises, bilaterales Erlöschen der im Hirnstamm generierten Wellen (III - V) dokumentiert wird. Die Welle I oder die Wellen I und II bleiben zumeist noch erhalten, da sie im Hörnerven generiert werden (s.o.). Anzumerken bleibt, daß diese Diagnostik ausschließlich erfahrenen Untersuchern vorbehalten bleibt, die mit den technischen Problemen der Methodik vertraut sind.

## 5. AEP mittlerer Latenz
## (Mittlere AEP; MAEP)

Sie treten im Latenzbereich von 8 - 50 ms auf (vgl. Abb. 1C) und sind nur zum Teil neurogener Genese. Neurogen ist die Potentialsequenz $N_a$ - $P_a$ - $N_b$, die wahrscheinlich im Thalamus und in primären Hörfeldern des Cortex entsteht. Eine vollständige Darstellung dieser Potentiale gelingt gewöhnlich nur beim gut entspannten Patienten, in Narkose oder im Schlaf sowie unter Muskelrelaxation. Der Grund ist, daß sie zumeist von Potentialen myogener Genese überlagert werden (s. Bickford et al. 1964, Gibson 1978).

So können bei der üblichen FAEP-Ableitung vom Mastoid Muskelpotentiale, insbesondere vom M. auricularis posterior, einstreuen ("Postaurikularis-Reflex"; wegen der akustischen Auslösung auch "Sonomotor-Reflex" genannt). Am Ende der konventionellen FAEP-Kurven (vgl. Abbildung 3 A - C) zeichnet sich bereits häufig ein Potentialanstieg (eine Positivierung) ab. Dieser Anstieg dürfte dem Beginn der myogenen Aktivität entsprechen. Bei Verlängerung der Zeitbasis findet man eine große Positiv-Negativ-Positiv-Sequenz, an die sich weitere kleine Nachschwankungen anschließen können (negative Gipfel um 12, 25 und 50 ms).

In dem Beispiel der Abbildung 16 Aa wurden bei einer gut entspannten Versuchsperson die AEP mittlerer Latenz abgeleitet. In der Potentialkurve können die Wellen $P_a$ und $N_b$ identifiziert werden. Die Reizung erfolgte binaural, wobei die Reizintensität aber eine Seitendifferenz von 10 dB zugunsten des rechten Ohres aufwies. Eingestreut in diese monotone Reizabfolge waren "seltene" Reize, bei denen die Seitendifferenz zugunsten des linken Ohres geändert wurde. Dies hatte zur Folge, daß die Versuchsperson bei dem plötzlichen Seitenwechsel jeweils aufmerkte. Die derartig erhaltenen Potentiale wurden getrennt aufsummiert. Das Ergebnis war eine deutliche sonomotorische Antwort (Abb. 16 Ab).

Sonomotorische Antworten lassen sich von temporalen, frontalen und nuchalen Muskeln ableiten. Sie haben, wie auch die (neurogenen) MAEP, bisher noch keinen Eingang in die klinisch-neurophysiologische Routinediagnostik gefunden.

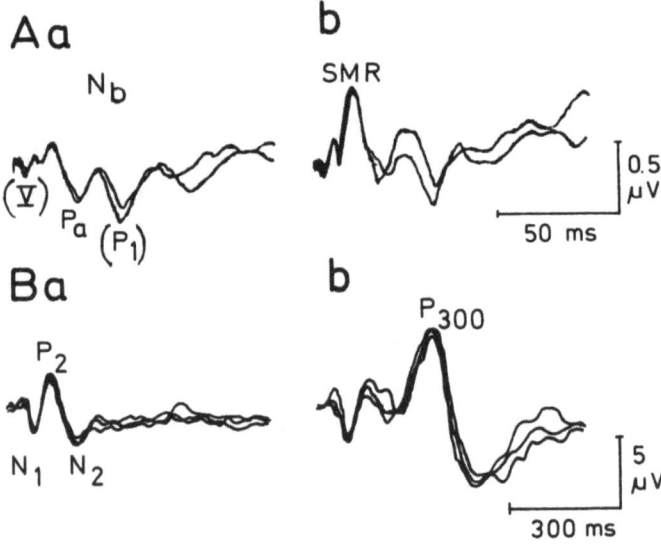

**Abbildung 16:** *A AEP mittlerer Latenz. Neurogene Potentiale bei einem entspannten Probanden (a) werden bei Zunahme der Muskelaktivität (b) durch einen "Sonomotorischen Reflex" (SMR) überlagert. B AEP später Latenz. Auf die Potentiale, die mit einem "häufigen" Ton ausgelöst werden (a), folgt das "Verarbeitungspotentiale P300", wenn in die Reizabfolge ein "seltener" Ton gemischt wird (b; zur Hervorhebung der P300 wurde die positive Polung nach oben dargestellt).*

# 6. AEP später Latenz
# (Späte AEP; SAEP)

Bei Wachheit und Aufmerksamkeit kann man mit Tönen als Reiz im Latenzbereich von 50 - 300 ms zwei weitere Positiv-Negativ-Potentialsequenzen ableiten ($P_1$ - $N_1$ und $P_2$ - $N_2$; vgl. Abb. 1 D). Diese Potentiale haben möglicherweise mit der bewußten "Verarbeitung" des Höreindrucks zu tun. Je nach Reizmodus und je nach Instruktion der Vp können sie durch weitere Potentiale ergänzt bzw. ersetzt werden. In Abbildung 16 B wurden, ähnlich wie in dem voraugehenden Beispiel (Kapitel 5), häufige und seltene Reize dargeboten, wobei letztere von der Versuchperson zu zählen waren. Die Potentialkurve für die häufigen Reize (Ba) zeigt die typische $N_1$-$P_2$-$N_2$-Sequenz ($P_1$ ist bei der gewählten Verstärkung nicht deutlich). In der Antwort auf die seltenen Reize (Bb) hat sich im Latenzbereich um 300 ms das sog. Verarbeitungspotential P 300 herausgebildet (positiv ist hier nach oben dargestellt). Es wurde erstmals von Sutton et al. (1965) sowie von Walter (1965) beschrieben und ist nicht modalitätsspezifisch. Die Relevanz solcher späten Potentiale geht über rein klinische bzw. auditive Fragestellungen weit hinaus.

# Literatur

(1) Bickford, R.G., J.L. Jacobson, D.T.R. Cody: Nature of averaged evoked potentials to sound and other stimuli in man. *Ann. N. Y. Acad. Sci.* 112 (1964) 204 - 223
(2) Chiappa, K.H.: *Evoked Potentials in Clinical Medicine.* Raven Press, New York (1983)
(3) Gibson, W.P.R.: *Essentials of Clinical Electric Response Audiometry.* Livingstone, London New York (1978)
(4) Hacke, W., M. Stöhr, H.C.W. Diener, U. Buettner: Empfehlungen zur Untersuchungsmethodik evozierter Potentiale in der Routinediagnostik. *Z. EEG - EMG* 16 (1985) 162 - 164
(5) House, J.W., D.E. Brackmann: Brainstem audiometry in neurootologic diagnosis. *Arch. Otolaryngol.* 105 (1979) 305 - 309
(6) Hughes, J.R., J. Fino: Usefulness of piezoelectric earphones in recording the brain stem auditory evoked potentials. A new early deflection. *EEG Clin. Neurophysiol.* 48 (1980) 457 - 460
(7) Jewett, D.C., J.S. Williston: Auditory-evoked far fields averaged from the scalp of humans. *Brain* 94 (1971) 681 - 696
(8) Lowitzsch, K., K. Maurer, H.C. Hopf: *Evozierte Potentiale in der klinischen Diagnostik.* Georg Thieme, Stuttgart New York (1983)
(9) Maurer, K., H. Leitner, E. Schäfer: *Akustisch evozierte Potentiale. Methode und klinische Anwendung.* Ferdinand Enke, Stuttgart (1982)
(10) McAlpine D., C.E. Lumsden, E.D. Acheson: *Multiple Sclerosis, a Reappraisal.* Churchill Livingstone, Edinburgh London (1972)
(11) Pastelak-Price D: Das internationale 10-20-System zur Elektrodenplazierung: Begründung, praktische Anleitung zu den Meßschritten und Hinweise zum Setzen der Elektroden. *EEG-Labor* 5 (1983) 49 - 72
(12) Robinson, K., P. Rudge: Abnormalities of the auditory evoked potentials in patients with multiple sclerosis. *Brain* 100 (1977) 19 - 40

(13) Rosenhamer, H.J.: Observations on electric brainstem responses in retrocochlear hearing loss. *Scand. Audiol.* 6 (1977) 179 - 196

(14) Selters, W.A., D.E. Brackmann: Acoustic tumor detection with brainstem electric response audiometry. *Arch. Otolaryngol.* 103 (1977) 181 - 187

(15) Sohmer, H., M. Feinmesser: Cochlear action potentials recorded from the external ear in man. *Ann. Otol. Rhinol. Laryngol.* 76 (1967) 427 - 435

(16) Sohmer H., M. Feinmesser, G. Szabo: Sources of elecrocochleographic responses as studied in patients with brain damage. *EEG Clin. Neurophysiol.* 37 (1974) 663 - 669

(17) Starr A., A.E. Hamilton: Correlation between confirmed sites of neurological lesions and abnormalities of farfield auditory brainstem responses. *EEG Clin. Neurophysiol.* 41 (1976) 595 - 608

(18) Stöhr, M., J. Dichgans, H.C. Diener, U.W. Buettner: *Evozierte Potentiale. SEP - VEP - AEP.* Springer, Berlin Heidelberg New York (1982)

(19) Sutton S., M. Braren, J. Zübin, E.R. John: Evoked potential correlates of stimulus uncertainty. *Science* 150 (1965) 1187 - 1188

(20) Walter, W.G.: Brain responses to semantic stimuli. *J. Psychosom. Res.* 9 (1965) 51 - 91

# Sachverzeichnis

Ableitungselektroden 20
Ableitungsparameter 24
Ableitungspunkte 19
AEHP, akustisch evozierte Hirnstammpotentiale 7
AEP, frühe 5, 7
- kurzer Latenz 5
- mittlerer Latenz 5, 51
- sehr früher Latenz 6
- später Latenz 5, 53
Akustikusneurinom 13, 14, 41, 44
Amplituden, der AEP 16
- Gipfel-Tal, Welle I 16
Amplitudenquotient V/I 18, 49
Arachnoidalzyste 42, 44
Areae 41 u. 42 8
Artefakte 25
Artefakt-Unterdrückung 25
Audiometrie, objektive 1, 36
Aufbau, apparativer 18
Averager 18

BAER, brainstem auditory evoked responses 7
Basilaristhrombose 46
Befundung 31
Bestandspotential, cochleäres 5
Beurteilung des Befundes 33, 31
Brücke 7, 9, 14, 46, 49
Brücke, obere 16

Colliculus inferior 8, 9
Corpus geniculatum mediale 7

Cortex 51
- A1 8

Dermoide 42, 44
Dezibel 22
Differenzverstärker 25
Druckläsion, Hörnerv 13
Druckreiz (condensation) 21

Eingangswiderstand 25
Elektroden 19
10-20-Elektrodensystem 19
Elektrodenwiderstand 20, 25
Elektrokochleographie 6
Encephalomyelitis disseminata 14, 16, 38, 46
Entmarkungsherd, s. Encephalomyelitis disseminata 46
Entzündungen 46

Fehlermöglichkeiten 21
Fernabgriff 9
Filter 25
Formatio reticularis 9

Ganglion spirale 9
Gefäßmißbildung 44
Gipfellatenz 3
Gleichtaktunterdrückung 25
Gyrus temporalis tranversus 8

hearing level 22
Heredodegenerative Erkrankungen 14, 16, 44, 46
Hirntod 50
Hörfelder, cortical 51

Hörnerv 9, *41*
Hörnervenkerne 8
Hörnervenläsion 10
Hörschwelle 36
- Klick 22
Hörstörung, cochleär 12, *40*, 36, 38
Impulsrate 23
Innenohr 6
Kinder 31
Kleinhirnbrückenwinkel, Prozesse im 14, 37, *41*, 44
Kleinkinder 36
Klick 21
Komplex IV/V 15
Kopfhörer 21
Läsionen, s. Prozesse
Latenzdifferenz 12, 15
- III - I 13, 42
- V - I 40, 49
- V - III 15
- interaural 31
- interaural, Welle V 16
Latenzen 10
- Welle I *12*
- Welle II *13*
- Welle III, *14*
- Welle IV, *14*
- Welle V, *15*
- inter-peak 12
Latenzmittelwerte 31
Lautheit, subjektive 22
Leitzeiten 12
Lemniscus lateralis 7
Leukodystrophie 16, 44
"locked-in" Syndrom 46
Luftschall 21

Mastoid 19
Medulla oblongata 7, 9
Meningitiden 44
- basale 13
Mesencephalon 16, *46*
Mikrophonpotentiale 5, 6, 12, 38, 40, 42
Mittelhirn 49
Mittelhirndach 9
Mittelwertbildner 18
Mittelwertbildung *26*
Morbus Mènière 40
Multiple Sclerose 14, 16, 38, 46
Neurofibromatosis Recklinghausen 42
Neuropathien 13
Normalbefunde 10
Normgrenze 31
Normalkollektiv 29
Normvarianten 14
Normwerte *29*
Nuclei cochleares 7, 9
Nucleus cochlearis dorsalis et ventralis 7
Nucleus lemniscus lateralis 8
Olive, obere 7, 9
Olivenkern, oberer 7
P 300 53
Polyneuropathie 44
Pons 9, *46*
Postaurikularis-Reflex 51
Potentiale, "far-field" 1
Prozess, entzündlicher 16
- intrapontiner 13
- Medulla oblongata 7, 9
- ponto-mesencephaler 10, 16, 46

- raumfordernder 16
- retrocochleärer 37
- vaskulärer 14, 16, 46
Prozesse, retrocochleäre 37

Rauschen 25, 28
Recruitment 36
Reflexantwort,
  sonomotorische 5
Reizartefakte 12, 20
Reize, Anzahl 23
Reizfrequenz 18, *23*
Reizintensität, effektive *23*
Reizparameter *24*
Reizstärke 13, 22, 36
Reizung, akustische *21*
Reproduzierbarkeit 31

Schalldruck 22, 36
Schalleitungsstörung 36
Schutzisolation 25
sensitivity level 22
Signal-Rauschverhältnis 25, *26*
Skalierung 22
Sogreiz (rarefaction) 21

Sonomotor-Reflex 51
Störung, cochleär 38
Stria acustica 7
Summationspotential 5, 6
Summenaktionspotential 5, 6
Taktgeber 18
Thalamus 51
Tinnitus 41
Topodiagnostik 8
Trapezkörper 7
Tumoren 46

Untersuchungsablauf *28*
Untersuchungstechnik *18*
Übersprechen 22, 36

Vertex 19

Wandler, analog-digital 18
Welle I 7, 9, *12*, 40, 42, 49, 50
- II 7, 9, *13*, 36, 42, 49, 50
- III 7, 9, *14*, 46
- IV 9, *14*
- V 9, *15*, 36, 41, 49
Wellen VI u. VII 9
Wiederholungsrate 18

Georg Goldenberg

# Neurologische Grundlagen bildlicher Vorstellungen

1987. 11 Abbildungen. IX, 148 Seiten.
Geheftet DM 39,—, öS 275,—. ISBN 3-211-82004-3

*Preisänderungen vorbehalten*

**Inhaltsübersicht:** Einleitung — Bildliche Vorstellungen im episodischen Gedächtnis — Bildliche Vorstellungen im semantischen Gedächtnis — Bildliche Vorstellungen in einer visuospatialen Aufgabe — Störungen des bildlichen Vorstellens bei Patienten mit zerebralen Läsionen — Schlußfolgerungen — Literatur.

Aus kognitiv psychologischen Modellen ergeben sich neue Ansätze für die Erforschung der neurologischen Grundlagen bildlicher Vorstellungen. Die Aufteilung des Vorstellens in verschiedene Komponenten und Erkenntnisse über ihre Zusammenhänge mit Sprache, Gedächtnis und visueller Wahrnehmung führen zu differenzierten Annahmen über die neurologischen Prozesse, die bildliche Vorstellungen produzieren. Das vorliegende Buch ist der erste Versuch, die auf diesem Weg gewonnenen Erkenntnisse systematisch zusammenzufassen und ihre Bedeutung für die psychologische Theoriebildung zu diskutieren. Es basiert auf mehrjährigen Forschungsarbeiten. Dabei wurde die Fragestellung einerseits experimentell, andererseits klinisch angegangen. Experimentell wurden Messungen der Hirndurchblutung mit der Methode der Emissions-Computertomographie durchgeführt. Klinisch wurden rund 200 Patienten systematisch untersucht, um Störungen des bildlichen Vorstellens zu finden. Es ist dies die erste Untersuchung dieses Ausmaßes zur Frage der Störung bildlicher Vorstellungen bei Läsionen des Gehirns.

**pringer-Verlag Wien NewYork**
ılkerbastei 5, Postfach 367, A-1011 Wien
idelberger Platz 3, D-1000 Berlin 33
Fifth Avenue, New York, NY 10010, USA
} Hongo 3-chome, Bunkyo-ku, Tokyo 113, Japan

Georg Goldenberg

# Neurologische Grundlagen bildlicher Vorstellungen

1987. 11 Abbildungen. IX, 148 Seiten.
Geheftet DM 39,—, öS 275,—. ISBN 3-211-82004-3

*Preisänderungen vorbehalten*

**Inhaltsübersicht:** Einleitung — Bildliche Vorstellungen im episodischen Gedächtnis — Bildliche Vorstellungen im semantischen Gedächtnis — Bildliche Vorstellungen in einer visuospatialen Aufgabe — Störungen des bildlichen Vorstellens bei Patienten mit zerebralen Läsionen — Schlußfolgerungen — Literatur.

Aus kognitiv psychologischen Modellen ergeben sich neue Ansätze für die Erforschung der neurologischen Grundlagen bildlicher Vorstellungen. Die Aufteilung des Vorstellens in verschiedene Komponenten und Erkenntnisse über ihre Zusammenhänge mit Sprache, Gedächtnis und visueller Wahrnehmung führen zu differenzierten Annahmen über die neurologischen Prozesse, die bildliche Vorstellungen produzieren. Das vorliegende Buch ist der erste Versuch, die auf diesem Weg gewonnenen Erkenntnisse systematisch zusammenzufassen und ihre Bedeutung für die psychologische Theoriebildung zu diskutieren. Es basiert auf mehrjährigen Forschungsarbeiten. Dabei wurde die Fragestellung einerseits experimentell, andererseits klinisch angegangen. Experimentell wurden Messungen der Hirndurchblutung mit der Methode der Emissions-Computer-Tomographie durchgeführt. Klinisch wurden rund 200 Patienten systematisch untersucht, um Störungen des bildlichen Vorstellens zu finden. Es ist dies die erste Untersuchung dieses Ausmaßes zur Frage der Störung bildlicher Vorstellungen bei Läsionen des Gehirns.

## Springer-Verlag Wien NewYork

Mölkerbastei 5, Postfach 367, A-1011 Wien
Heidelberger Platz 3, D-1000 Berlin 33
175 Fifth Avenue, New York, NY 10010, USA
37-3 Hongo 3-chome, Bunkyo-ku, Tokyo 113, Japan

MIX
Papier aus verantwortungsvollen Quellen
Paper from responsible sources
**FSC® C105338**

If you have any concerns about our products,
you can contact us on
**ProductSafety@springernature.com**

In case Publisher is established outside the EU,
the EU authorized representative is:
**Springer Nature Customer Service Center GmbH
Europaplatz 3, 69115 Heidelberg, Germany**

Printed by Libri Plureos GmbH
in Hamburg, Germany